人工智能
原理及应用研究

Rengong Zhineng Yuanli Ji Yingyong Yanjiu

刘 丹◎著

黑龙江教育出版社

图书在版编目（CIP）数据

人工智能原理及应用研究 / 刘丹著. -- 哈尔滨：
黑龙江教育出版社，2021.7
ISBN 978-7-5709-2527-8

Ⅰ. ①人… Ⅱ. ①刘… Ⅲ. ①人工智能 Ⅳ.
①TP18

中国版本图书馆CIP数据核字(2021)第151963号

人工智能原理及应用研究
Rengong Zhineng Yuanli Ji Yingyong Yanjiu

刘　丹　著

责任编辑	王　鹏
封面设计	刘乙睿
出版发行	黑龙江教育出版社
	（哈尔滨市道里区群力第六大道 1313 号）
印　　刷	黑龙江华文时代数媒科技有限公司
开　　本	787 毫米 ×1092 毫米　1/16
印　　张	12.75
字　　数	200 千字
版　　次	2021 年 7 月第 1 版
印　　次	2021 年 7 月第 1 次印刷
书　　号	ISBN 978 - 7 -5709 -2527 -8　定　价　45.00 元

黑龙江教育出版社网址：www. hljep. com. cn
如需订购图书，请与我社发行中心联系。联系电话：0451 - 82533097　82534665
如有印装质量问题，影响阅读，请与我公司联系调换。联系电话：0451 - 87619957
如发现盗版图书，请向我社举报。举报电话：0451 - 82533087

前　　言

　　随着人工智能时代的到来,对人工智能原理进行深入研究,对人工智能学科进行理论创新和应用创新,将有力地推动科学技术和经济社会的发展。为此,世界各国对人工智能的研究都十分重视,投入大量的人力、物力和财力,激烈争夺这一高新技术的制高点。计算机、自动化领域及计算机应用密集学科的学生掌握人工智能的基础知识,已经成为国内外许多高校提高学生综合素质,培养高水平、复合型和创新型人才的一项重要举措。

　　人工智能(Artificial Intelligence,AI)是指机器像人一样拥有智能能力,是一门融合计算机科学、统计学、脑神经学和社会科学的前沿综合学科,可以代替人类实现识别、认知、分析和决策等多种功能。人工智能涉及心理学、认知科学、思维科学、信息科学、系统科学和生物科学等多门学科,目前已在多个领域取得举世瞩目的成果,并形成了多元化的发展方向。近些年来人工智能迅速发展,人工智能产品已经开始改变人们的生活方式,如扫地机器人、智能保姆等进入家庭生活;智能社会、智能城市已在发达城市成为现实;5G技术的应用、无人驾驶等高科技正在改变人们的生活。

　　人工智能是计算机科学中涉及研究、设计和应用智能机器的一个分支,是计算机科学、控制论、信息论、自动化、仿生学、生物学、语言学、神经生理学、心理学、数学、医学和哲学等多种学科相互渗透而发展起来的综合性的交叉学科和边缘学科。人工智能的基本目标是使机器不仅能模拟,而且可以延伸、扩展人的智能,更进一步的目标是制造出智能机器。人工智能自20世纪50年代中期诞生以来,取得了长足的发展。

　　本书在编写过程中,参阅了相关的文献资料,在此谨向作者表示衷心的感谢。由于水平有限,书中内容难免存在不妥、疏漏之处,敬请广大读者批评指正,以便进一步修订和完善。

目　　录

第一章　人工智能原理基础

人工智能（Artificial Intelligence）的英文缩写为 AI。它是研究开发用于模拟、延伸和拓展人的智能的理论、方法、技术及应用系统的一门新的技术科学。近年来，"人工智能"逐渐成为热点话题。人工智能是一门极富挑战性的科学，研究人工智能首先必须要懂得计算机科学、心理学和哲学。人工智能是一门十分广泛的科学，涉及不同的领域，如机器学习、计算机视觉等。总的来说，人工智能研究的一个主要目标是使机器能够胜任一些通常需要人类智能才能完成的复杂工作。不同的时代、不同的人对这种"复杂工作"的理解是不同的。

第一节　人工智能的学科内涵

一、学科概念

人工智能的定义可以分为两部分，即"人工"和"智能"。"人工"比较好理解，争议性也不大。有时我们会考虑什么是人能够制造的，或者人自身的智能程度有没有高到可以创造人工智能的地步等。但总的来说，"人工系统"就是通常意义下的人工系统[1]。

关于什么是"智能"，问题就很多了。这涉及其他诸如意识、自我、思维（包括无意识的思维）等问题。人唯一了解的智能是人本身的智能，这是大家普遍认同的观点。

"智能"概念最早可追溯到 17 世纪莱布尼茨有关智能的设想。首先是对"Intelligence"的一种重要区分，即强调计算机与信息科学、数学和生物学（泛指应用科学、技术、工程）等语境下的"智能"，如机器智能、类人类（水平）智能，并非仅仅是心理学范畴下的"智力"或自然智能。

《计算机与通信词典》（Computer Science and Communications）对"Intelligence"一词做出了科学规范的概念解释：一是源于各种资源汇集而成的信息；二是有用的、确证的、经处理过的以及在时效基础上可实现的信息。这一解释将"Intelligence"指向信息本体，技术背景下的"智能"在本体论上是信息处理的一种特殊形式。

从自然意义上而言，自然智能即指人类通过自身智力，收集和处理不确定信息并输出新信息以改变基本生存需求，是人类在本体（或近体环境）上实现自身智力的信息处理过程，是人对人本身的信息反馈。

从技术意义上而言，智能虽然同样需要人类通过自身智力对信息源进行处理，但是其输入、输出对象不再是人类本体，而是无生命的机器或者类生命体。这要求人们对自身智力有全面的认识，能够将这种全面的认识赋予机器或者类生命体，创造出智能机或者智能体，实现人机或机机交互的智能表现。从目前的科学技术发展和人类对认知能力的挖掘看，技术智能实现正走向类人或无限接近人类水平的智能体[2]。

美国斯坦福大学著名的人工智能研究中心尼尔逊（Nilsson）教授对人工智能下了这样一个定义："人工智能是关于知识的学科——怎样表现知识以及怎样获得知识并科学地使用知识。"而另一名美国麻省理工学院的著名教授 Winston 认为："人工智能就是研究如何使计算机去做过去只有人才能做的智能的工作。"这些说法反映了人工智能学科的基本思想和基本内容。即人工智能是研究人类智能活动的规律，构造具有一定智能的人工系统，是研究如何让计算机去完成以往需要人的智力才能胜任的工作，也就是研究如何应用计算机的软硬件来模拟人类某些智能行为的基本理论、方法和技术[3]。

二、学科定位

人工智能作为研究机器智能和智能机器的一门综合性高技术学科，产生于 20 世纪 50 年代，它是一门涉及心理学、认知科学、思维科学、信息科学、系统科学和生物科学等多学科的综合性技术学科，目前已在知识处理、模式识别、自然语言处理、博弈、自动定理证明、自动程序设计、专家系统、知识库、智能机器人等多个领域取得举世瞩目的成果，并形成了多元化的发展方向。

三、学科功能及相关性

人工智能是计算机学科的一个分支,20世纪70年代以来被称为世界三大尖端技术(空间技术、能源技术、人工智能)之一,也被认为是21世纪三大尖端技术(基因工程、纳米科学、人工智能)之一。人工智能在很多学科领域都得到了广泛应用,并取得了丰硕的成果,已逐步成为一个独立的分支,在理论和实践上都已自成系统。

人工智能是研究用计算机来模拟人的某些思维过程和智能行为(如学习、推理、思考、规划等)的学科,主要包括计算机实现智能的原理、制造类似于人脑智能的计算机、使计算机能实现更高层次的应用。人工智能涉及计算机科学、心理学、哲学和语言学等学科,可以说几乎包括自然科学和社会科学的所有学科,其范围已远远超出了计算机科学的范畴,人工智能与思维科学的关系是实践和理论的关系,人工智能处于思维科学的技术应用层次,是它的一个应用分支。从思维观点看,人工智能不仅限于逻辑思维,要考虑形象思维、灵感思维才能促进人工智能突破性的发展。数学常被认为是多种学科的基础学科,不仅在标准逻辑、模糊数学等范围发挥作用,数学也进入语言、思维领域。同样,数学也进入了人工智能学科,人工智能学科也必须借用数学工具,它们将互相促进从而更快地发展。

当我们讨论智能的意义是什么,或者谈及智能的特点和标准在哪里的时候,但凡有科学技术背景的研究者都会不约而同地提起"艾伦·图灵"这个名字,其在智能科学技术领域的地位已无须多言。一般来说,人们对图灵机的创造以及图灵检验有较为统一的认识,即智能的标准。在现代智能概念形成的初期,图灵在其最重要的文章中写道:"我建议来考虑这个问题:机器能思考吗?"图灵的真正目的是找到一个可操作(关于智能存在)的标准(当然这个标准至今依然被认为是唯一的可行标准):如果一台机器"表现得"和一个能思考的人类一样,那么我们就几乎可将之认定为是在"思考"的。如此,智能概念的意义从人的智能延伸到了机器表征,使其通过信息处理和计算分析与人的智能相互联系[4]。

"机器学习"的数学基础是统计学、信息论和控制论,还包括其他非数学学科。这类"机器学习"对"经验"的依赖性很强。计算机需要不断从解决一类问题的经验中获取知识,学习策略,在遇到类似的问题时,运用经验知识解决问题并积累新的经验,就像普通人一样。我们可以将这样的学习方式称为"连续型学习"。但人类除了会从经验中学习之外,还会创造,即"跳跃型学习",这在某些情形下被称为"灵感"或"顿悟"。一直以来,计算机最难学会的就是"顿悟"。或者再严格一些说,计算机在学习和"实践"方面难以学会"不依赖于量变的质变",很难从一种"质"直接到另一种"质",或者从一个"概念"直接到另一个"概念"。正因为如此,这里的"实践"并非同人类一样的实践。人类的实践过程同时包括经验和创造,这是智能化研究者梦寐以求的东西。

人工智能在计算机领域得到了愈加广泛的重视,并在机器人、经济政治决策、控制系统、仿真系统中得到应用。

第二节　人工智能的学科发展历史

自古以来,人类就力图根据自己的认识水平和当时的技术条件,试图用机器来代替人进行部分脑力劳动,以提高人类自身征服自然的能力。公元850年,古希腊就有制造机器人帮助人们劳动的传说。在我国,公元前900多年,也有歌舞机器人传说的记载,这说明古代人类就有人工智能的幻想。随着历史的发展,12世纪末至13世纪初,西班牙的神学家和逻辑学家Romen Luee试图制造能解决各种问题的通用逻辑机。17世纪法国物理学家和数学家B. Pascal制成了世界第一台会演算的机械加法器并投入实际应用。随后德国数学家和哲学家莱布尼茨在这台加法器的基础上发展并制成了进行全部四则运算的计算器。他还提出了逻辑机的设计思想,即通过符号体系,对对象的特征进行推理,这种"万能符号"和"推理计算"的思想是现代化"思考"机器的萌芽,因而他被后人誉为数理逻辑的第一个奠基人。接着,英国数学家和逻辑学家Boole初步实现了莱布尼茨关于思维符号化和数学化的思想,提出了一种崭新的代数系统,这就是后来在计算机上广泛应用的布尔代数。19世纪末,英国数学家和力学家C. Babbage致力于差分机和分析机的研究,虽因条件限制未能完全实现,但其设计思想成为当年人工智能的最高成就[5]。

一、人工智能的萌芽

进入 20 世纪后,人工智能相继出现若干开创性的进展。20 世纪 30 年代,年仅 24 岁的英国数学家 A. M. Turing 在他的一篇《理想计算机》的论文中,就提出了著名的图灵机模型,20 世纪 40 年代他进一步论述了电子数字计算机的设计思想,20 世纪 50 年代他又在《计算机能思维吗?》一文中提出了机器能够思维的论述,可以说这些都是图灵为人工智能所作的杰出贡献。美国科学家 J. W. Mauchly 等人制成了世界上第一台电子数字计算机 ENIAC,随后又有不少人为计算机的实用化不懈奋斗,其中贡献卓著的应当是冯·诺依曼(von Neumann)。目前世界上占统治地位的计算机依然是冯·诺依曼计算机。电子计算机的研制成功是许多代人坚持不懈努力的结果,这项划时代的成果为人工智能研究奠定了坚实的物质基础。同一时期,美国数学家 N. Wiener 创立了控制论,美国数学家 C. E. Shannon 创立了信息论,英国生物学家 W. R. Ashby 设计的脑模型等,这一切都为人工智能学科的诞生作出了理论和实验工具上的巨大贡献。

二、人工智能的积累

20 世纪 50 年代在美国达特茅斯学院(Dartmouth College),由青年数学助教 J. Mdarthy 和他的三位朋友 M, Minsky、N. Lochester 和 C. Shannor 共同发起,邀请 IBM 公司的 T. More 和 A. Samuel,MIT 的 O. Self – ridge 和 R. So-lomonff,以及 RAND 公司和卡内基·梅隆大学的 A. Newell 和 H. A. Simon 等人参加夏季学术讨论班,历时两个月。这十位学者都是在数学、神经生理学、心理学、信息论和计算机科学等领域从事教学和研究工作的学者,在会上他们第一次正式使用了 AI 这一术语,从而开创了人工智能的研究方向。这次历史性的聚会被认为是人工智能学科正式诞生的标志,从此在美国形成了以人工智能为研究目标的几个研究组,如 Newell 和 Simon 的 Carnegie – RAND 协作组,Samuel 和 Gelernter 的 IBM 公司工程课题研究组,Minsky 和 McCarthy 的 MIT 研究组等。

这一时期人工智能的主要研究工作有以下几个方面:A. Newell J. Shaw

和 H. Simon 等人的心理学小组编制出一个称为逻辑理论机（The Logic Theory Machine,LT）的数学定理证明程序,当时该程序证明了 B. A. W. Russell 和 A. N. Whitehend 和《数学原理》一书第二章中的 38 个定理。后来他们又揭示了人在解题时的思维过程大致可归结为三个阶段:一是先想出大致的解题计划;二是根据记忆中的公理、定理和推理规则组织解题过程;三是进行方法和目的分析,修正解题计划。

不仅解数学题时的思维过程如此,解决其他问题时的思维过程也大致如此。基于这一思想,他们于 20 世纪 60 年代又编制了能解十种不同课题类型的通用问题求解程序 GPS（General Problem Solving）,另外他们还发明了编程的表处理技术和纽厄尔 – 肖 – 西蒙（NSS）国际象棋机。和这些工作有联系的 Newell 关于自适应象棋机的论文和 Simon 关于问题求解和决策过程中合理选择和环境影响行为理论的论文,也是当时信息处理研究方面的巨大成就。

20 世纪 60 年代以来,人工智能的研究活动越来越受到重视。为了揭示智能的有关原理,研究者们相继对问题求解、博弈、定理证明、程序设计、机器视觉、自然语言理解等领域的课题进行了深入的研究。四十多年来,不但对课题的研究有所扩展和深入,而且还逐渐搞清了这些课题共同的基本核心问题以及它们和其他学科间的相互关系。

20 世纪 60 年代末,国际人工智能联合会成立（International Joint Conference on Artificial Intelligence）,并举行了第一次学术会议——IJCAI – 69。随着人工智能研究的发展,20 世纪 70 年代又成立了欧洲人工智能学会 EC Al（European Conference on Artificial Intelligence）,并召开第一次会议。此外,许多国家也都有本国的人工智能学术团体。在人工智能刊物方面,Elsevier Science 发行了《国际性期刊》（Artificial Intelligence）,爱丁堡大学还不定期出版杂志 Machine Intelligence,还有 IJCAI 会议文集、ECAI 会议文集等。另外许多国际知名刊物也刊载了有关人工智能的文章。

三、人工智能的成熟

20 世纪 90 年代以来,人工智能研究出现了新的高潮。这一方面是因为人工智能在理论方面有了新的进展,另一方面是因为计算机硬件突飞猛进地发展。随着计算机速度的不断提高,存储容量的不断扩大,价格的不断降低,以及网络技术的不断发展,许多原来无法完成的工作现在已经能够实现。因此,人工智能研究也就进入繁荣期。目前人工智能研究的三个热点是智能接口、数据挖掘、主体及多主体系统,其中某些技术已经得到应用。技术的发展总是超乎人们的想象,从目前的一些前瞻性研究可以看出未来人工智能可能会朝以下几个方面发展:模糊处理、并行化、神经网络和机器情感。人工智能一直处于计算机技术的前沿,人工智能研究的理论和发现在很大程度上将决定计算机技术的发展方向。今天,已经有很多人工智能研究的成果进入人们的日常生活。将来,人工智能技术的发展将会给人们的生活、工作和教育等带来更大的影响。

第三节 人工智能的学科展望

一、人工智能与其他学科的关系

AI 涉及计算机科学、控制论、信息论、神经心理学、哲学及语言学等多个学科,是一门新理论和新技术不断出现的综合性边缘学科。AI 与思维科学是实践和理论的关系,属于思维科学的技术应用层次,延伸人脑的功能,实现脑力劳动的自动化。

作为一门多学科交叉的人工智能,AI 在机器学习、模式识别、机器视觉、机器人学、航空航天、自然语言理解、Web 知识发现等领域取得了突破性进展。人工智能的研究方法、学术流派、理论知识非常丰富,应用领域十分广泛[6]。

从思维观点上看,AI 的知识体系不仅仅限于逻辑思维,同时需要形象思维和灵感思维。AI 是一个庞大的家族,包括众多的基础理论、重要的成果及算法、学科分支和应用领域等。如果将 AI 家族作为一棵树来描述,智能机器应作为树的最终节点。可将 AI 划分为问题求解、知识与推理、学习与发现、感知与理解、系统与建造等五个知识单元,该划分总结了 AI 家族的知识体系及其相关的学科、理论基础、代表性成果及方法。

二、人工智能的发展瓶颈问题

20 世纪 60 年代末、70 年代初,人工智能取得进展,进入它的辉煌时期。这种辉煌主要表现在两个方面:一方面人们利用符号表示逻辑推理的方法,通过计算机的启发式编程(Heurisric Programming),成功地建立了一种人类深思熟虑行为(Deliberative Behaviors)的智能模型,表明用计算机程序的确可以准确地模拟人类的一类智能行为,这是一个突破。与此同时,人们运用同样的模型,成功地在计算机上建造了一系列实用的人造智能系统(专家系统),其性能可以与人类的同类智能相匹敌,表明通过计算机编程的确能够建造人工智能系统,这是另一个突破。这两项突破表明,以逻辑为基础的符号计算(处理)方法,无论在智能模拟上,还是在智能系统建造上都同样能成功。这样人工智能进入了它的兴盛时期,我们暂且称它为传统人工智能时代。在这段时期,人们对人工智能的发展前途充满信心,各种各样的专家系统在工程、医疗卫生和服务等行业得到实际应用。

但是到了 20 世纪 80 年代中期,人工智能的发展就面临重重的困难,已经看出不能达到预期的目标。进一步分析便发现,这些困难不只是个别项目的制定问题,而是涉及人工智能研究的根本性问题。总的来说,是两个根本性问题,第一,交互(Interaction)问题,即传统方法只能模拟人类深思熟虑的行为,而不包括人与环境的交互行为。因此根据这种模型建造的人工智能系统,也基本上不具备这种能力。显然,这类系统很难在动态的和不确定的环境中使用。美国的 ALV 计划就是试图建造一种能在越野环境下自主行驶的车辆,这种车辆必须具备与环境的交互能力,以适应环境的不确定性和动态变化。可是,依据传统人工智能的方法,难以建立这样的系统,这也是 ALV 计划遇到困难的根本原因。第二,扩展(Scaling up)问题,即传统人工智能方法只适合于建造领域狭窄的专家系统,不能把这种方法简单地推广到规模更大、领域更宽的复杂系统中去。日本"五代机"计划的不成功,其原因也在于此。正是由于这两个基本问题以及其他的技术困难,使 AI 研究进入了低谷。

AI 研究出现曲折,迫使人们进行反思。人们从对传统人工智能时代的反思中发现,过去几十年里,以逻辑为基础,以启发式编程为特征的传统人工智能虽然取得了很大的成就(特别是建造出一批实用的专家系统),使 AI 在工业、商业及军事等各应用领域表现出它的价值,引起广泛的重视。但是如果从人工智能的理论基础和技术方法上看,它的成就则是非常有限的,因此 AI 要进一步发展,必须突破这一局限性。

(一)AI 方法论

20 世纪 80 年代,以 MIT 的 Boroks 等人为代表,对传统的 AI 研究提出了挑战。他们研制了一批小型的移动机器人,这批机器人与 CMU 研制的移动机器人形成强烈的反差,CMU 使用的是大卡车,上面装备的是高速计算机、激光雷达、彩色摄像机和全球卫星定位系统(GPS)等大型设备。MIT 用的是玩具车(铁昆虫),上面装的是单板机、红外传感器和接触开关等小器件。于是,一场关于谁是"真正"机器人的争论在他们之间展开了。CMU 批评 MIT 的机器人说,"那只是一只小玩具,供表演罢了"。MIT 也不示弱,针锋相对地说,"CMU 的机器人固然很大,但离实用更远,因此不过是大玩具而已"。MIT 认为自己能够用比 CMU 简单得多的设备做出智能相当的移动机器人,这一点比 CMU 高明。当然,争论的最后结果只能是平局,因为他们各自代表了两种不同的智能观和研究路线。CMU 代表的是传统的 AI 观,他们建造的移动机器人系统,采用的是"环境建模—规划—控制"的纵向体系结构,其机器人的智能表现在对环境的深刻理解以及在此基础上深思熟虑的推理和决策,因此它需要强有力的传感和计算设备来支持复杂的环境建模和寻找正确的决策方案。Brooks 则遵循另外的路线,即"感知—动作(控制)"的横向体系结构,他认为机器人的智能应表现在对环境刺激的及时反应上,表现在对环境的适应,以及复杂环境下的生存能力,因此 Brooks 称自己的思想为"没有推理"的智能。Brooks 的探索性工作代表了人工智能一个新的研究方向——现场 AI 的诞生。传统 AI 强调的是人类深思熟虑的行为,它的智能行为来源于启发式搜索。现场 AI 强调智能体应该工作在它的环境中,它的智能行为来源于环境信息的反馈,通过与环境的交互表现增长它的智能。这是两个完全不同的研究路线与方法,我们这里将着重讨论现场 AI 给 AI 研究带来的影响。传统 AI 研究和模拟的只是人类深思熟虑的行为,从内容上讲,有很大的局限性。现场 AI 强调智能体与环境的交互,为了实现这种交互,智能体一方面要从环境获取信息(感知),一方面要通过自己的动作对环境施加影响。显然,这些行为的大部分不是深思熟虑的,而是一种反射行为(Reactive Behaviors),即智能体在接受外界信息刺激后,如何迅速采取行动的问题,或者当预定的行为失败之后,如何立即改变行为的问题。这里,人类行为的模式与传统 AI 所研究的模式不完全一样。现场 AI 的提出,扩展了人类思维研究和模拟的范围。其实,早在数年前,钱学森和戴汝为教授在论述思维的形式中,已经提到人类除了逻辑思维之外,还存在形象思维及顿悟等思维形式,并强调研究其他思维形式及其模拟的重要性。近年来,由于现场 AI 的提出及盛行,国际上已普遍开始重视人类其他思维形式的研究。H. A. ismo 在他的获奖特邀报告中,以"解释说不清现象——AI 关于直觉、顿悟和灵感问题"为题,专门谈及这些智能中"说不清"的现象及其模拟问题。根据他的意见,目前计算机程序已经有可能模拟这个现象。当然,他只是就这些行为的计算机程序模拟而言,如果考虑到智能体与环境的交互,问题恐怕要复杂得多。

从方法上讲,传统人工智能方法也有其局限性。传统方法根据人类的先验知识,采取构造的方法,构造一个启发式搜索的问题求解模型,这是一个无反馈的孤立系统,对推理和学习都适用。传统 AI 方法的核心是使用先验知识和搜索技术,因此当先验知识丰富且易于表达时,问题求解(搜索)就十分容易;反之,我们就会面临计算(搜索)量大的困难。从本质上讲,传统方法成功与否,取决于我们掌握知识(知道)的多少及精确的程度,从这一点来看,传统方法在处理不确定性、知识不完全性以及学习等问题时必将遇到许多实质性困难,这就不难理解几十年来机器学习进展缓慢的原因。其实,机器学习与推理一样也是一种搜索,即搜索待学习的概念和知识,不同的只是在学习中先验知识更少一些。机器学习需要更多的搜索,因此势必带来计算量(搜索量)指数爆炸的困难。传统 AI 需要先验知识,即使对于学习也是一样,这就造成一种困难:机器要借助"已知"进行学习,而"已知"又需要通过学习来得到,那么最初的"已知"只能由教师(人)给予机器,这就不难理解,传统方法难以实现机器自我学习的原因,要使 AI 技术向前发展,需要考虑同其他领域和技术的结合,现场 AI 为此提供了可能性。

现场 AI 也促使传统符号处理机制与连接机制的集成,目前这种集成也正在发生中。大家知道,当传统的 AI 方法出现困难的时候,以神经网络为代表的连接机制正在崛起。因为知识在神经网络中是以准符号方式表示的,所以接受感知信息比较容易,从而容易与环境交互,人们开始对它寄予很大希望,以为在许多方面可以取代传统的方法。不过,经过十年多的实践,人们发现神经网络固然有许多特点,但在解决复杂问题时,也同样存在扩大规模的基本问题。当神经网络规模扩大时,学习复杂性也出现指数爆炸现象,所以唯一的出路,是寻找结合的途径。目前来讲,两个方向的渗透都在进行之中,一个是把神经网络机制引入传统 AI,特别是把它的自学习机制和大规模并行计算引入 AI 的传统方法;另一方面是将符号表示和处理引入神经网络,即把先验知识和构造性方法引入神经网络的设计和学习过程,通过相互渗透使两种机制结合起来。

现场 AI,不能只把它简单地看成是对传统 AI 的否定,或者把它与传统 AI 对立起来,简单地评判谁是谁非,而应该把它看成是传统 AI 的发展和补充,它使传统 AI 无论在研究的内容以及研究的方法上都有了新的扩展。同时,把 AI 研究推向现场,使 AI 研究更加实用化,这些都是 AI 研究的进步。

(二)智能系统的构成

怎样构造复杂的智能系统,以达到 AI 研究扩大规模的目的呢?换句话讲,复杂智能系统是由怎样的部件组成,而这些部件又如何组成智能系统的?为解决上述问题,近年来 AI 界提出了两个重要的思想和主张:综合集成、智能体[7]。

综合集成这个概念先后在不同的技术领域出现并使用过,但含义不尽相同。今天人工智能所提出的综合集成概念,则有更深、更广的意义。戴汝为教授等对综合集成已进行了很全面的论述,具体地把综合集成的研究方法分为三类:一是研究能集成不同学科的方法;二是人机集成方法;三是创造新的表达、推理和学习方法。这很有指导意义。近年来,对于前两种集成,国际上的讨论已经多起来,虽然各自的主张和理解不完全相同,但大家的共识是,综合集成是一个很关键的问题。中国学者对于人机集成这方面的讨论更多也更深入,并具体划分了几个不同的层次,如机帮人、人帮机、人机协作等。事实上,在国外,20 世纪 80 年代初,人们一度热心于全自主机器的研究,如美国卡内基梅隆大学(CMU)的 ALV 计划,其目标是要实现一个越野的自主车。不过,之后人们发现这是一项极难的研究任务,短期内很难完成。近年来,CMU 推出一项极为成功的实验,这就是一辆他们研制的视觉导引小汽车,实现了从美国匹兹堡(校园所在地)到洛杉矶高速公路上的"自动"驾驶实验。

关于认知、模型与计算等之间的综合集成,我们称之为纵向学科集成。而人工智能、计算机与自动化等学科之间的集成,我们称为横向学科(信息科学内部)集成,两者统称为多学科(Multi – Discipline)集成。怎样才能实现学科之间的综合集成? 各个学科有自己的研究重点,有自己的理论、概念和方法。如上所述,传统人工智能注重的是搜索,自动控制论侧重的是反馈,如何实现搜索与反馈技术之间的综合集成? 这里关键的一步是,先要实现学科之间的交叉与渗透,反馈理论渗透到人工智能中去,引起传统 AI 的变化,AI 的基本理论:搜索、规划、推理和学习等发生了变化。它们再也不能只是在完全信息假设下进行研究和发展了,而要考虑不完全信息,考虑资源限制,考虑具有信息反馈的动态环境。于是传统 AI 被改造了。同样,AI 方法也向控制理论渗透,符号处理被引入传统控制理论,"反馈"受到规划和搜索的引导,因此传统控制理论发展成为新的智能控制理论。在这种条件下,我们就有可能创立一种新的综合集成的方法。

(三)复杂智能系统

复杂智能系统应由什么样的部件组成? 我们知道,一般的智能系统,如专家系统,是由各个功能模块组成的,如推理模块、知识库模块和解释模块等。复杂智能系统是不是具有相同的结构,由各功能模块组成,还是只要数量更多、功能更复杂就行了? 近年来,人工智能研究表明,要解决智能系统的规模扩大问题,单元模块的概念必须彻底更新,要从模块推广延伸为智能体,模块是被动的构造单元,它的功能是不变的,设计人员在设计过程中,系统或用户在运行过程中,可以根据需要随时调用所需的模块,达到复用的目的。模块化的概念在系统设计和运行中起到重要作用,它简化了系统的设计,提高了系统的性能。发展到复杂智能系统,被动的功能模块已经不够用了。

(四)人工智能与控制论

人工智能在它的发展初期和控制论有密切的关系,人们在提起 AI 的发展史时,通常并没有忘记控制论的贡献。可是到 20 世纪七八十年代,当符号推理机制在 AI 中占主导地位后,启发式编程变成人工智能的同义语,计算机专家成为 AI 研究的主力,人们几乎把控制论忘了。近年来,人工智能走向了现场,又一次向控制论靠拢,于是控制界掀起一股智能化的热潮。建立智能控制这一新学科的任务在世界范围内酝酿着,但是应该怎样建立这样一个新学科? 对控制界来讲,多数人并没有仔细考虑过,目前人们只是急于把各个新领域,如人工智能、神经网络、模糊逻辑中的新工具移植过来,以解决传统控制所遇到的困难。但人们开始认识到这种做法已经不够了,最近美、俄两国的控制论专家坐在一起共同探讨如何建立智能控制问题。他们回顾了人类科学史上三次科学思想方法的大转变:第一,最早的科学思想方法是亚里士多德建立的,他们崇尚知识,而科学的建立和发展需要依靠知识的扩充;第二,工业革命后,牛顿法占统治地位,人们追求简单的数学定律,也就是人们通常所谓的还原主义;第三,进入信息时代,概率统计起了主导作用。今天,当人们进入复杂的信息处理时代时,必须实现第四次科学思想方法上的转变。那么智能控制应采用什么方法呢? 他们认为那将是一个多分辨率的知识表示时代,这个时代应该以符号学为特征。这种主张有一定道理,K. Godel 说过:"没有一个在特定分辨率层次上形成的知识系统,能够完全解释那个层次,必须具有一个高层元知识才能完全解释它。然而,当我们着手去构造这个更一般的元知识时,它也要求更高一层的元知识去解释它。"因此我们需要多分辨率(多层次)表示方法。这里有两点值得我们重视:其一,要建立智能控制这一新领域,我们需要一个新的体系,这个体系不是简单地把某几个领域叠加起来,而是多种表示的综合集成;其二,人工智能在智能控制形成中应占主导地位。

三、人工智能的伦理与哲学问题

人工智能的迅速发展给人的生活带来了一些困扰与不安,尤其是在奇点理论提出后,很多人质疑机器的迅速发展会给人类带来极大的危险,随之而来的很多机器事故与机器武器的产生更加印证了人们的这种印象。机器伦理、机器道德的问题成为热点[8]。

(一)伦理的概念

伦理一词,英文称为"ethics",这一词源自希腊文的"ethos",其意义与拉丁文"mores"差不多,表示风俗、习惯的意思。西方的伦理学发展流派纷呈,比较经典的有叔本华的唯意志主义伦理流派、詹姆斯的实用主义伦理学流派、斯宾塞的进化论伦理学流派还有海德格尔的存在主义伦理学流派。其中,存在主义是西方影响最广泛的伦理学流派,始终把自由作为其伦理学的核心,认为"自由是价值的唯一源泉"。

在我国,伦理的概念要追溯到公元前6世纪,《周易》《尚书》已出现单用的伦、理。前者即指人们的关系,"三纲五伦""伦理纲常"中的伦即人伦。而理则指条理和道理,指人们应遵循的行为准则。与西方相似,不同学派的伦理观差别很大,儒家强调"仁、孝、悌、忠、信"与道德修养,墨家信奉"兼相爱,交相利",而法家则重视法治高于教化,人性本恶,要靠法来相制约。

总的来说,伦理是哲学的分支,是研究社会道德现象及其规律的科学,其研究是很有必要的。因为伦理不但可以建立起一种人与人之间的关系,并且可以通过一种潜在的价值观来对人的行为产生制约与影响。很难想象,没有伦理的概念,我们的社会会有什么人伦与秩序可言。

(二)人工智能伦理

其实在人工智能伦理一词诞生以前,很多学者就对机器与人的关系进行过研究,并发表了自己的意见。早在20世纪50年代,维纳在《人有人的用途:控制论与社会》一书中就曾经担心自动化技术将会造成"人脑的贬值"。20世纪70年代,德雷福斯曾经连续发表文章《炼金术与人工智能》《计算机不能做什么》,从生物、心理学的层次得出了人工智能必将失败的结论。而有关机器伦理(与人工智能伦理相似)的概念则源自《走向机器伦理》一文。文中明确提出:机器伦理关注机器对人类使用者和其他机器带来的行为结果。文章的作者之一安德森表示,随着机器越来越智能化,它们也应当承担一些社会责任,并具有伦理观念。这样可以帮助人类以及自身更好地进行智能决策。

（三）AI 哲学

20 世纪西方科学哲学的发展,经历了向"语言研究"和"认知研究"的两大转向,认识论的研究在不断去形而上学化的同时,正在走向与科学研究协同发展的道路。作为当代人工智能科学的基础性研究,认知研究的目的是为了清楚地了解人脑意识活动的结构与过程,对人类意识的智、情、意三者的结合作出符合逻辑的说明,以使人工智能专家们便于对这些意识的过程进行形式的表达。人工智能要模拟人的意识,首先就必须研究意识的结构与活动。意识究竟是如何实现可能的呢? 塞尔说道:"说明某物是如何可能的最好方式,就是去揭示它如何实际地存在。"这就使认知科学获得了推进人工智能发展的关键性意义,这就是认知转向为什么会发生的最重要原因。

由于哲学与认知心理学、认知神经科学、脑科学、人工智能等学科之间的协同关系,无论计算机科学与技术如何发展,从物理符号系统、专家系统、知识工程,到生物计算机与量子计算机的发展,都离不开哲学对人类意识活动的整个过程及其各种因素的认识与理解。人工智能的发展一刻也离不开哲学对人类心灵的探讨。

人工智能的哲学问题已不是人工智能的本质是什么,而是要解决一些较为具体的智能模拟方面的问题。这些问题包括如下几个方面:

1. 关于意向性问题

人脑的最大特点是具有意向性与主观性,并且人的心理活动能够引起物理活动,心身是相互作用的。大脑的活动通过生理过程引起身体的运动,心理状态是脑的特征。确实存在着心理状态,其中一部分是有意识的,大部分是具有意向性的,全部心理状态都是具有主观性的,大部分心理状态在决定世界中的物理事件时起着因果作用。

2. 人工智能中的概念框架问题

任何科学都是建立在它所已知的知识之上的,甚至科学观察的能力也无不与已知的东西相关,我们只能依赖于已知的知识,才能理解未知的对象。知与未知永远都是一对矛盾体,两者总是相互并存又相互依赖。离开了已知,就无法认识未知;离开了未知,我们就不能使科学认识有所发展和进化。科学就是学习如何观察自然,而且它的观察能力随着知识的增长而增长。

概念框架问题是人工智能研究过程中最为棘手的核心问题,它所带来或引发的相关问题的研究是十分困难的。在这个问题上,基础性的研究是哲学任务,即概念框架应当包含哪些因素,日常知识如何表达为确定的语句,人类智能中动机、情感的影响状况是怎样的,如何解决某些心理因素对智能的不确定性影响。而人工智能的设计者们则要研究这些已知知识应当如何表达,机器人如何根据概念框架完成模式识别,概念框架与智能机行为之间如何联系,概念框架如何生成、补充、完善,以及在运用这个概念框架某部分知识的语境问题,等等。而至于智、情、意的形式表达方面,则是人工智能研究者的任务。

3. 机器人行为中的语境问题

人工智能要能学习和运用知识,必须具备识别语言句子语义的能力,在固定的系统中,语义是确定的。正因为这样,物理符号系统可以形式化。但是,在语言的运用中则不然,语言的意义是随语境的不同而有差别的。

实际上,AI 也就是首先要找到我们思想中的这些命题或者其他因素的本原关系、逻辑关系,以及由此而映射出构成世界的本原关系、客体与客体之间的关系。最初的物理符号系统便是以此为基础的。但是,由于人们的思想受到了来自各方面因素的影响,甚至语言命题的意义也不是绝对确定的,单个句子的意义更是如此[9]。因此,最初,简单的一些文字处理与符号演算完全可以采取这种方式,但若进一步发展,例如机器与人之间的对话、感知外界事物、学习机等,就必须在设计时考虑语句所使用的场合及各种可能的意义。

4. 日常化认识问题

人工智能模拟不仅要解决身心关系,即人脑的生理与心理的关系问题,而且还必须解决人脑的心理意识与思维的各个层次间的关系,以及人的认识随环境的变化而变化、随语境的变化而变化的问题。根据智能系统的层次性分析,我们可以逐步做到对各个层次的模拟,但是,智能层次性分析也只是一种抽象化的分析或理想化的分析而已。实际的智能是多个层次之间不可分割的相互关联着的整体,各层次间究竟是如何发生关联的?在什么情况下发生什么样的关联?这便涉及日常化的认识问题。

第二章　知识表示与知识发现

第一节　知识及知识表示

　　世界上任何学科均有其特定研究对象,对人工智能学科而言也是如此。人工智能学科的研究对象是知识,对它的研究都是围绕知识而展开的,如知识的概念、知识的表示、知识的组织管理、知识的获取、知识的应用等,它们构成了整个人工智能的研究内容。

一、概述

(一)知识及其分类

1. 知识的基本概念

　　知识是人们在认识客观世界与改造客观世界,解决实际问题的过程中形成的认识与经验并经抽象而成,因此知识是认识与经验的抽象体。知识是由符号组成,同时包括符号的语义。因此从形式上看,知识是一种带有语义的符号体系。

　　一般而言,知识的抽象性决定了它具有强大的指导性与影响力,因此人们常说:知识就是力量,知识是人类精神财富。知识是人工智能学科的基础,有关人工智能学科的讨论都是围绕知识而展开的。

2. 知识分类

　　按不同的角度,知识可以分为以下几类:

(1)按层次分类

　　知识是由一个完整体系组成,包括由底向上的四个层次。

①对象

对象是客观世界中的事物,如花、草、人、鸟等。对象并不组成完整的认识与经验,因此它并不是知识,它是知识的一个组成部分,在知识构成中是起到核心作用的。因此对象是知识的最基本与关键组成部分。对象有常值与变值之分,如"鲁迅"是常值对象、"茅盾"是常值对象,而由"鲁迅""茅盾""巴金""郭沫若""老舍"等所组成的作家集合中的一个作家变量 x 是变值对象。

②事实

事实是关于对象性质与对象间关系的表示。事实是一种知识,它所表示的是一种静态的知识。在知识体系中它属最底层、最基础的知识,如"花是红的""人赏花"等均为知识,前者表示对象"花"的性质,后者表示对象"人"与"花"之间的关系。与对象一样,事实也有常值与变值之分,如事实中所有对象均为常值则称为常值事实,而事实中如含有变值对象则称为变值事实。例如,上面的"人赏花"是常值事实,而如果人观赏的是花、景、物中可变的一个,则是变值事实。变值事实反映了更为广泛与抽象的性质与关系,如父子关系、上下级关系、同窗关系等。

③规则

规则是客观世界中事实间的动态行为,它是知识,反映了知识与动作间相联系的知识,它又称推理。目前常用的推理有演绎推理(有时称推理)、归纳推理。由一般性知识推导出个别与局部性知识的推理称为演绎推理,如著名的亚里士多德的三段论规则即属演绎推理。在该推理中,有大前提和小前提后必可推得结果。如有大前提:凡人必死,又有小前提:张三是人,此后必可推得结果:张三必死。这个规则是从大前提和小前提两个事实出发可推得结果这个事实。而由个别与局部性知识推导出一般性知识的推理称为归纳推理。归纳推理是演绎推理之逆。如有张三是人,张三死了;李四是人,李四死了;王五是人,王五死了,等等,必可推得:凡人必死。规则大都为变值规则,这使规则具有广泛的使用价值。

④元知识

元知识是有关知识的知识,是知识体系中的顶层知识。它表示的是控制性知识与使用性知识。如规则使用的知识,事实间约束性知识等。

（2）按内容分类

①常识性知识

泛指普遍存在且被普遍接受了的客观知识，又称常识。

②领域性知识

指的是按学科、门类所划分的知识，如医学中的知识、化学中的知识，均属领域性知识。

（3）按确定性分类

①确定性知识

可以确定为"真"或"假"的知识称为确定性知识。在本书中如不作特别说明，所说的知识均为确定性知识。

②非确定性知识

凡不能确定为"真"或"假"的知识称为非确定性知识。如有知识"清明时节雨纷纷"，它表示在大多数情况下清明时节会下雨，但并不能保证所有年份清明时节，所有地区均有下雨。

3.知识模型

上述介绍的事实、规则等都是知识的基本单元，随着人工智能的发展，知识的复杂性与体量均已大大增强，为此需要用多个知识单元通过一定的结构方式组成一个模型才能表示复杂的、大体量的知识，这种知识称为知识模型。如机器学习中经过训练的人工神经模型、深度学习中的卷积神经模型等均是知识模型。

（二）知识表示

知识是需要表示的，为表示的方便，一般采用形式化的表示，并且具有规范化的表示方法，这就是知识表示。在人类智能中知识蕴藏于人脑中，但在人工智能中是需要用知识表示的方式将知识表示出来以便于对它进行讨论与研究。知识表示就是用形式化、规范化的方式对知识进行描述。其内容包括一组事实、规则以及控制性知识等，部分情况下还会组成知识模型。

二、产生式表示法

20世纪40年代由Post提出产生式表示法，使用类似于文法的规则，对符号串作替换运算。产生式系统结构方式可用以模拟人类求解问题时的思维过程。

产生式表示法是人工智能中最常见并且简单的一种表示法。当给定的问题要用产生式系统求解时，要求能掌握建立产生式系统形式化描述的方法，所提出的描述体系具有一般性。

产生式表示法中目前有两种表示知识的方法，它们是事实与规则，其中事实表示对象性质及对象间的关系，是指对问题状态的一种静态度描述，而规则是事实间因果联系的动态表示。

（一）产生式表示法的知识组成

产生式表示法的知识由事实与规则组成，它也可表示部分元知识。

1. 事实表示

产生式中的事实表示有性质与关系两种表示法：

（1）对象性质表示

对象性质可用一个三元组表示：

$$（对象，属性，值）$$

它表示指定对象具有指定性质的某个指定值，如（牡丹花，颜色，红）表示牡丹花是红色的。

（2）对象间关系表示

对象间关系可用一个三元组表示：

$$（关系，对象1，对象2）$$

它表示指定两个对象间所具有指定的某个关系，如（父子，王龙，王晨）表示王龙与王晨间是父子关系。

一个给定问题的产生式系统可组成一个事实集合体，称为综合数据库。

2. 规则表示

规则是事实间因果联系的动态表示。产生式规则的一般形式为：

$$If\ P\ then\ Q$$

其中，前半部 P 确定了该规则可应用的先决条件，后半部描述了应用这条规则所采取的行动得出的结论。一条产生式规则满足了应用的先决条件 P 之后，就可用规则进行操作，使其发生变化产生结果 Q。

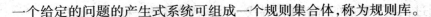

一个给定的问题的产生式系统可组成一个规则集合体,称为规则库。

(二)产生式表示法与知识

第一层:产生式表示中的对象,它给出了知识中的对象。

第二层:产生式表示中的事实,它给出了知识中的事实。

第三层:产生式表示中的操作,它给出了知识中的规则。

第四层:产生式表示中的知识可设置约束,它给出了元知识。

(三)产生式表示法的评价

产生式表示法是目前人工智能中最常见的一种表示法,它在表示上有很多优点:

1.知识表示的完整性

可以用产生式表示知识体系中全部四个部分:一是可以用产生式中的对象表示知识中的对象;二是可以用产生式中的事实表示知识中的事实;三是可以用产生式中的规则表示知识中的规则;四是还可以用产生式表示知识中的部分元知识。

此外,用产生式表示的知识以确定性知识为主,但也在一定程度上可以表示非确定性知识(此部分内容在这里不予介绍)。

2.表示规则简单、易于使用

用产生式方法表示知识,无论是对象、事实、规则都很简单,因此易于掌握使用。产生式方法表示知识也存在一定的不足,主要是:

(1)无法表示复杂的知识

由于用产生式方法表示的知识比较简单,适用于一般知识体系的表示,但对复杂知识的表示有一定的难度,如对嵌套性、递归性知识的表示,多种形式规则的组合表示等,都存在一定的困难,这是它在表示上的不足之处。

(2)演绎性规则

用产生式方法所表示的规则仅限于演绎性规则,它无法表示归纳性规则。这也是它在表示上的另一个不足之处。

三、状态空间表示法

状态空间表示法是知识表示中比较常用的方法。此方法是问题求解中通过在某个可能的解空间内寻找一个求解路径的一种表示方法。

（一）状态空间的表示

在状态空间表示法中，用"状态"表示事实，用"操作"表示规则。

1. 状态

状态是该表示法中的事实表示，有如下形式：

$$S = \{S_0, S_1, \cdots, S_n\}$$

其中，S 表示状态。每个状态有 n 个分量，称为状态变量。对每一个分量都给予确定的值时，就得到了一个具体的状态。一般而言状态是有一定条件约束的。

2. 操作

操作是从一种状态变换为另一种状态的一种动态行为，又称算符，是该表示法中的规则表示。一般而言这种变换是有一定条件约束的。操作的对象是状态，在操作使用时，它将引起该状态中某些分量值的变化，从而使得状态产生变化，从一种状态变为另一种状态。因此操作也可视为状态间的一种关联。

3. 状态空间

状态空间用于描述一个问题的全部状态及这些状态之间的相互关系。状态空间可用一个三元组（S, F, G）表示。其中，S 为问题的所有初始状态的集合；F 为操作的集合，用于把一个状态转换为另一个状态；G 为 S 的一个非空子集，为目标状态的集合。

状态空间也可以用一个带权的有向图来表示，该有向图称为状态空间图。在状态空间图中，结点表示状态，有向边表示操作，而整个状态空间就是一个知识模型。

（二）状态空间与知识表示

在状态空间表示中可分为四层：第一层：状态分量。它给出了知识中的对象。第二层：状态。状态由状态分量组成，它给出了知识中的事实。第三层：状态的操作。状态的操作建立了由一种状态到另一种状态的变换，它是状态空间中的动态行为，它给出了知识中的规则。第四层：状态与其操作均可设置约束，它给出了元知识。

（三）状态空间表示法的评价

状态空间表示法是目前人工智能中常见的一种表示法，它在表示上有很多优点：

1. 知识表示的完整性

可以用状态空间表示知识体系中全部四个部分：一是可以用状态空间中的对象表示知识中的对象。二是可以用状态空间中的状态表示知识中的事实。三是可以用状态空间中的操作表示知识中的规则。四是可以用状态空间表示知识中的部分元知识，如约束性知识。

2. 表示简单、易于使用

用状态空间方法表示知识无论是对象、事实、规则都很简单，因此易于掌握使用。状态空间方法表示知识也存在一定的不足，主要是：

（1）适合于知识获取中的搜索策略，无法表示复杂的知识

状态空间方法表示目前主要应用于知识获取中的搜索策略，同时它的知识表示结构简单，适用于一般知识体系的表示，对复杂知识的表示有一定的难度。

（2）演绎性规则

用状态空间方法所表示的规则仅限于演绎性规则，这也是它在表示上的另一个不足之处。

第二节　知识发现与数据挖掘

一、知识发现

知识发现是从数据集中抽取和精化新的模式。知识发现的数据来源范围非常广泛，可以是经济、工业、农业、军事、社会、商业、科学的数据或卫星观测得到的数据，数据的形态有数字、符号、图形、图像、声音等。其结果可以表示成各种形式，包括规则、法则、科学规律、方程或概念网等。

"知识"是人们日常生活及社会活动中常用的一个术语，涉及信息与数据。数据是事物、概念或指令的一种形式化的表示形式，以适合于用人工或

自然方式进行通信、解释或处理信息是数据所表达的客观事实。数据是信息的载体,与具体的介质和编码方法有关。信息经过加工和改造形成知识。知识是人类在实践的基础上产生又经过实践检验对客观实际可靠的反映。一般可分为陈述性知识、过程性知识和控制性知识。

KDD(Knowledge Discovery in Database)——基于数据库的知识发现技术的研究非常活跃。KDD 一词是在 20 世纪 80 年代于美国底特律市召开的 KDD 专题讨论会上正式提出的。20 世纪 90 年代,Fayyad、Piatetsky、Shapiro 和 Smyth 对 KDD 和数据挖掘的关系进行了研究和阐述。他们指出,KDD 是识别出存在于数据库中有效、新颖、具有潜在效用、最终可理解模式的非平凡过程,而数据挖掘则是该过程中的一个特定步骤。但是,随着该领域研究的发展,研究者们目前趋向于认为 KDD 和数据挖掘具有相同的含义,即认为数据挖掘就是从大型数据库的数据中提取人们感兴趣的知识。

知识发现(KDD)与数据挖掘 DM(Data Mining)是人工智能、机器学习与数据库技术相结合的产物。

知识发现的范围非常广泛,可以是从数据库中、文本中、Web 信息中、空间数据中、图像和视频数据中提取知识。数据的结构也可以是多样的,如层次的、网状的、关系的和面向对象的数据[10]。可应用于金融、医疗保健、市场业、零售业、制造业、司法、工程与科学及经纪业和安全交易、计算机硬件和软件、政府和防卫、电信、公司经营管理等众多领域。

二、数据挖掘

(一)数据挖掘技术的产生及定义

数据挖掘是一个多学科交叉的研究与应用领域,包括:数据库技术、人工智能、机器学习、神经网络、统计学、模式识别、知识系统、知识获取、信息检索、高性能计算以及可视化计算等领域。

随着计算机硬件和软件的飞速发展,尤其是数据库技术与应用的日益普及,人们积累的数据越来越多,如何有效利用这一丰富数据的海洋为人类服务,业已成为广大信息技术工作者所关注的焦点之一。激增的数据背后隐藏着许多重要而有用的信息,人们希望能够对其进行更高层次的分析,以便更好地利用它们。与日趋成熟的数据管理技术和软件工具相比,人们所依赖的传统的数据分析工具功能,已无法有效地为决策者提供其决策支持所需要的相关知识,由于缺乏挖掘数据背后知识的手段,而形成了"数据爆炸但知识贫乏"的现象。为有效解决这一问题,自20世纪80年代开始,数据挖掘技术逐步发展起来,数据挖掘技术的迅速发展,得益于目前全世界所拥有的巨大数据资源,以及对将这些数据资源转换为信息和知识资源的巨大需求,对信息和知识的需求来自各行各业,从商业管理、生产控制、市场分析到工程设计、科学探索等。

数据挖掘经历了以下发展过程:

20世纪60年代及之前:数据收集与数据库创建阶段,主要用于基础文件处理。

20世纪70年代:数据库管理系统阶段,主要研究网络和关系数据库系统、数据建模工具、索引和数据组织技术、查询语言和查询处理、用户界面与优化方法、在线事务处理等。

20世纪80年代中期:先进数据库系统的开发与应用阶段,主要进行先进数据模型(扩展关系、面向对象、对象关系)、面向应用(空间、时间、多媒体、知识库)等的研究。

20世纪80年代后期至21世纪初:数据仓库和数据挖掘蓬勃兴起,主要对先进数据模型(扩展关系、面向对象、对象关系)、面向应用(空间、时间、多媒体、知识库)等的研究。

数据挖掘(Data Mining,DM)是20世纪90年代在信息技术领域开始迅速兴起的数据智能分析技术,由于其所具有的广阔应用前景而备受关注,作为数据库和数据仓库研究与应用中一个新兴的富有前途的领域,数据挖掘可以从数据库或数据仓库,以及其他各种数据库的大量数据中自动抽取或发现出有用的模式知识。

数据挖掘简单地讲就是从大量数据中挖掘或抽取出知识,数据挖掘概念的定义描述有若干版本,以下给出一个被普遍采用的定义性描述。

数据挖掘,又称数据库中的知识发现(Knowledge Discovery from Database,KDD),是一个从大量数据中抽取挖掘出未知的、有价值的模式或规律等知识的复杂过程。

数据挖掘的主要步骤有:第一,数据预处理,包括:一是数据清洗。清除数据噪声和与挖掘主题明显无关的数据。二是数据集成。将来自多数据源中的相关数据组合到一起。三是数据转换。将数据转换为易于进行数据挖掘的数据存储形式。四是数据消减。缩小所挖掘数据的规模,但却不影响最终的结果。包括:数据立方合计、维数消减、数据压缩、数据块消减、离散化与概念层次生成等。

根据一定评估标准,从挖掘结果筛选出有意义的模式知识,利用可视化和知识表达技术,向用户展示所挖掘出的相关知识。

(二)数据挖掘的功能

1.概念描述:定性与对比

获得概念描述的方法主要有以下两种:一是利用更为广义的属性,对所分析数据进行概要总结;其中被分析的数据称为目标数据集。二是对两类所分析的数据特点进行对比,并对对比结果给出概要性总结,而这两类被分析的数据集分别被称为目标数据集和对比数据集。

2.关联分析

关联分析就是从给定的数据集中发现频繁出现的项集模式知识(又称为关联规则,association rules)。关联分析广泛应用于市场营销、事务分析等应用领域。

3.分类与预测

分类就是找出一组能够描述数据集合典型特征的模型(或函数),以便能够分类识别未知数据的归属或类别,即将未知事例映射到某种离散类别之一。分类挖掘所获分类模型的主要表示方法有:分类规则(IF – THEN)、决策树(decision trees)、数学公式(mathematical formulae)和神经网络。

一般使用预测来表示对连续数值的预测,而使用分类来表示对有限离散值的预测。

4.聚类分析

聚类分析与分类预测方法明显不同之处在于,后者学习获取分类预测模型所使用的数据是已知类别归属,属于有教师监督学习方法,而聚类分析(无论是在学习还是在归类预测时)所分析处理的数据均是无(事先确定)类别归属,类别归属标志在聚类分析处理的数据集中是不存在的。聚类分析属于无教师监督学习方法。

5.异类分析

一个数据库中的数据一般不可能都符合分类预测或聚类分析所获得的模型。那些不符合大多数数据对象所构成的规律(模型)的数据对象就被称为异类。对异类数据的分析处理通常就称为异类挖掘。

数据中的异类可以利用数理统计方法分析获得,即利用已知数据所获得的概率统计分布模型,或利用相似度计算所获得的相似数据对象分布,分析确认异类数据。而偏离检测就是从数据已有或期望值中找出某些关键测度的显著变化。

6.演化分析

对随时间变化的数据对象的变化规律和趋势进行建模描述。这一建模手段包括:概念描述、对比概念描述、关联分析、分类分析、时间相关数据分析(其中又包括:时序数据分析,序列或周期模式匹配,以及基于相似性的数据分析等)。

7.数据挖掘结果的评估

评估一个作为挖掘目标或结果的模式(知识)是否有意义,通常依据以下四条标准:一是易于为用户所理解;二是对新数据或测试数据能够有效确定其可靠程度;三是具有潜在的应用价值;四是新颖或新奇的程度。一个有价值的模式就是知识。

(三)常用的数据挖掘方法

数据挖掘是从人工智能领域的一个分支——机器学习发展而来的,因此机器学习、模式识别、人工智能领域的常规技术,如聚类、决策树、统计等方法经过改进,大都可以应用于数据挖掘。

1.决策树

决策树广泛地使用了逻辑方法,相对较小的树更容易理解。为了分类一个样本集,根节点被测试为真或假的决策点。根据对关联节点的测试结果,样本集被放到适当的分枝中进行考虑,并且这一过程将继续进行。当到达一个决策点时,它存贮的值就是答案。从根节点到叶子的一条路就是一条决策规则。决定节点的路是相互排斥的。

使用决策树,其任务是决定树中的节点和关联的非决定节点。实现这一任务的算法通常依赖于数据的划分,在更细的数据上通过选择单一最好特性来分开数据和重复过程。树归纳方法比较适合高维应用。这经常是最快的非线性预测方法,并常应用动态特性选择。

2. 关联规则方法

关联规则方法是数据挖掘的主要技术之一。关联规则方法就是从大量的数据中挖掘出关于数据项之间相互联系的有关知识。

关联规则挖掘也称为"购物篮分析",主要用于发现交易数据库中不同商品之间的关联关系。发现的这些规则可以反映顾客购物的行为模式,从而可以作为商业决策的依据,在商业领域得到了成功应用。Apriori 算法是一种经典的生成布尔型关联规则的频繁项集挖掘算法。

3. 聚类

20 世纪 80 年代,Everitt 关于聚类给出了以下定义:在同一个类簇中的数据样本是相似的,而在不同的类簇中的样本是不同的,而且分别处于两个类中的数据间的距离要大于一个类中的两数据之间的距离。计算相异和相似度的方法是基于对象的属性值,常运用距离作为度量方式。

数据挖掘中,聚类与分类既有联系又有区别,被称为无监督分类,而分类分析是有监督分类。

高效的聚类算法需要满足两个条件:一是簇类的样本相似度高;二是簇间的相似度低。一个聚类算法采用的相似度度量方法以及如何实现很大程度上影响着聚类质量的好坏,且与该算法是否能发现潜在的模式也有一定的关系。

三、大数据处理

大数据一词由英文 big date 翻译而来,大数据是指大小超出了传统数据库软件工具的抓取,存储管理和分析能力的数据群。

大数据的目标,不在于掌握庞大的数据信息,而在于对这些含有意义的数据进行专业化处理,换言之,如果把大数据比作一种产业,那么这种产业盈利的关键是提高对数据的加工能力,通过加工实现数据的增值。大数据是为解决巨量复杂数据而生的,巨量复杂数据有两个核心点,一个是巨量、一个是复杂。巨量,意味着数据量大,要实时处理的数据越来越多,一旦在处理巨量数据上耗费的时间超出了可承受的范围,将意味着企业的策略落后于市场,复杂意味着数据是多元的,不再是过去的结构化数据,必须针对多源数据重新构建一套有效的理论和分析模型,甚至分析行为,所依托的软硬件都必须进行革新。

大数据主要具有四个方面的典型特征:volume(大量)、variety(多样)、value(价值)、velocity(高速),这四个典型特征通常称为大数据的"4V"特征。

(一)数据体量巨大

大数据的特征首先就体现为数据体量大,随着计算机深入到人类生活的各个领域,数据基数在不断增大,数据的存储单位从过去的 GB 级升级到 TB 级,再到 PB 级、EB 级甚至 ZB 级,要知道每一个单位都是前面一个单位的 2^{10} 倍。

(二)数据类型多

广泛的数据来源决定了大数据形式的多样性,相对于以往的结构化数据,非结构化数据越来越多,包括网络日志、音频、视频、图片、地理位置信息的这一类数据的大小、内容、格式、用途可能完全不一样,对数据的处理能力提出了更高的要求,而半结构化数据就是基于完全结构化数据和完全非结构化数据之间的数据,具体也没有文档属于半结构化数据,它一般是自描述的,数据的结构和内容混在一起,没有明显的区分[11]。

(三)价值高,但价值密度低

价值密度的高低与数据总量的大小成反比,相对于特定的应用大数据关注的非结构化数据的价值密度偏低,如何通过强大的算法更迅速地完成数据的价值提纯,成为目前大数据背景下期待解决的难题,最大的价值在于通过从大量不相关的各种类型数据中,挖掘出对未来趋势与模式预测分析有价值的数据,发现新规律和新知识。

(四)处理速度快

数据的增长速度和处理速度是大数据高速性的重要体现,对于海量的数据,必须快速处理分析并返回给用户,才能让大量的数据得到有效的利用,对不断增长的海量数据进行实时处理,是大数据与传统数据处理技术的关键差别之一。

大数据技术架构。包含各类基础设施支持底层计算资源,支撑着上层的大数据处理,底层主要是数据采集、数据存储阶段,上层则是大数据的计算处理挖掘与分析和数据可视化阶段。

基础设施支持。大数据处理需要拥有大规模物理资源的云数据中心和具备高效的调度管理功能的云计算平台的支撑。云计算平台可分为三类:以数据存储为主的存储型云平台;以数据处理为主的计算型云平台;数据处理兼顾的综合云计算平台。

数据采集。有基于物联网传感器的采集,也有基于网络信息的数据采集,数据采集过程中的 etf 工具,将分布的异构数据源中的不同种类和结构的数据抽取到临时中间层进行清洗转换分类集成,最后加载到对应的数据存储系统,如数据仓库和数据集市中成为联机分析处理数据挖掘的基础。

数据存储。云存储将存储作为服务,他将分别位于网络中不同位置的大量类型各异的存储设备通过集群应用网络技术和分布式文件系统等集合起来协同工作,通过应用软件进行业务管理,并通过统一的应用接口对外提供数据存储和业务访问功能,现有的云存储分布式文件系统包括 gfs 和 htfs,目前存在的数据库存储方案有 sql,nosql 和 newsql。

数据计算。分为离线批处理计算和实时计算两种,其中离线批处理计算模式最典型的应该是 Google 提出的 MapReduce 编程模型,MapReduce 的核心思想就是将大数据并行处理问题分而制之,即将一个大数据通过一定的数据划分方法,分成多个较小的具有同样计算过程的数据块,数据块之间不存在依赖关系,将每一个数据块分给不同的节点去处理,最后再将处理的结果进行汇总。

实时计算。能够实时响应计算结果。主要有两种应用场景:一是数据源是实时的不间断的,同时要求用户请求的响应时间也是实时的;二是数据量大,无法进行预算单要求对用户请求实时响应的。运动过程中实时进行分析,捕捉到可能对用户有用的信息,并把结果发送出去,整个过程中,数据分析处理,系统是主动的,而用户却处于被动接收的状态。数据的实时计算框架,需要能够适应流式数据的处理,可以进行不间断地查询,只要求系统稳定可靠,具有较强的可扩展性和可维护性,目前较为主流的实时流计算框架包括 Storm 和 Spark Streaming 等。

数据可视化。数据可视化是将数据以不同形式展现在不同系统中,计算结果需要以简单直观的方式展现出来,才能最终被用户理解和使用,形成有效的统计分析预测及决策应用到生产实践和企业运营中,可视化能将数据网络的趋势和固有模式展现得更为清晰和直观。

大数据应用领域包括:政务大数据、金融大数据、城市交通大数据、医疗大数据、企业管理大数据等。

大数据的机遇与挑战。人类已经进入了大数据时代,互联网高速发展的背景下,在软硬件方面,大数据能够应用的领域十分广泛,在这种潜力完全发挥之前,必须先解决许多技术挑战。首先,大数据存在于存储技术、数据处理、数据安全等诸多领域,造成大数据相关专业人才供不应求,影响了大数据快速发展,究其本质来看,都需要专业人才。其次大数据的采集存储和管理方面都需要大量的基础设施和能源,需要大量的硬件成本和能耗,而在数据备份的过程中,由于数据的分散性,备份数据相当困难,同时从大数据中提取含有信息和价值的过程是相当复杂的,这就需要数据处理人员加强业务理解能力,构建数据、理解数据、准备模型、建立数据、处理部署以及进行数据评估。

此外,大数据还面临安全和隐私问题,目前有研究者提出了一些有针对性的安全措施,但是这些安全措施还远远不够。

最后,大数据及其相关技术会使 IT 相关行业的生态环境和产业链发生变革,这对经济和社会发展有很大影响,如果我们要获得大数据所带来的益处,就必须大力支持和鼓励解决这些技术挑战的基础研究。

(一)大数据计算框架——MapReduce

MapReduce 是谷歌公司的一种分布式计算框架,或者支持大数据批量处理的编程模型,对于大规模数据的高效处理完全依赖于他的设计思想,其设计思想可以从三个层面来阐述:

一是大规模数据并行处理,分而治之的思想,MapReduce 分治算法对问题实施分而治之的策略,但前提是保证数据集的各个划分处理过程是相同的。数据块,不存在依赖关系,将采用合适的划分对输入数据集进行分片,每个分片交由一个节点处理,各节点之间的处理是并行的一个节点,不影响另一个节点的存在与操作,最后将各个节点的中间运算结果进行排序归并等操作以归约出最终处理结果。

二是 MapReduce 编程模型,Map(映射)和 Reduce(归约)是借用自 Lisp 函数式编程语言的原语,同时其也包含了从矢量编程语言里借来的特性,通过提供 Map 与 Reduce 两个基本函数,增加了自己的高层并行编程模型接口。Map 操作,主要负责对海量数据进行扫描转换,以及必要的处理过程,从而得到中间结果,中间结果通过必要的处理并输出最终结果,这就是 MapReduce 对大规模数据处理过程的抽象。

三是分布式运行时的环境,MapReduce 运行时的环境实现了诸如集群中节点间通信、督促检测与失效、恢复节点数据存储与划分任务调度以及负载均衡等底层相关的运行细则,这也使得编程人员更加关注应用问题与算法本身,而不必掌握底层细节就能将程序运行在分布式系统上。

MapReduce 计算框架:假设用户需要处理的输入数据是一系列的 key - value 对,在此基础上定义了两个基本函数干——Map 函数和 Reduce 函数干,编程人员则需要提供这两个函数的具体编程实现。

(二)Hadoop 平台及相关生态系统

Hadoop 是 Apache 软件基金会旗下的一个大数据分布式系统基础架构,用户可以在不了解分布式底层细节的情况下,轻松地在 Hadoop 上开发和运行处理大规模数据的分布式程序,充分利用集群的威力进行存储和运算,可以说 Hadoop 是一个数据管理系统,作为数据分析的核心,汇集了结构化和非结构化的数据,这些数据分布在传统的企业数据栈的每一层,同时 Hadoop 也是一个大规模并行处理框架,拥有强大的计算能力,定位于推动企业级应用的执行。

Hadoop 被公认为是一套行业大数据标准开源软件,是一个实现了 MapReduce 计算模式的能够对海量数据进行分布式处理的软件框架,Hadoop 计算框架最核心的设计是 HDFS(Hadoop 分布式文件系统)和 MapReduce

（Google MapReduce 开源实现）。HDFS 实现了一个分布式的文件系统,MapReduce 则是提供一个计算模型。Hadoop 中 HDFS 具有高容错特性,同时它是基于 java 语言开发的,这使得 Hadoop 可以部署在低廉的计算机集群中,并且不限于某个操作系统。Hadoop 中 HDFS 的数据管理能力,MapReduce 处理任务时的高效率以及它的开源特性,使其在同类的分布式系统中大放异彩,并在众多行业和科研领域中被广泛使用。

Hadoop 生态系统主要由 HDFS、YARN、MapReduce、HBase、Zookeeper、Pig、Hive 等核心组件构成,另外还包括 FlumesFlink 等框架,以用来与其他系统融合。

（三）Spark 计算框架及相关生态系统

Spark 发源于美国加州大学伯克利分校的 AMP 实验室,现今,Spark 已发展成为 Apache 软件基金会旗下的著名开源项目。Spark 是一个基于内存计算的大数据并行计算框架,从多碟带的批量处理出发,包含数据库流处理和图运算等多种计算方式,提高了大数据环境下的数据处理实时性,同时保证高容错性和可伸缩性。Spark 是一个正在快速成长的开源集群计算系统,其生态系统中的软件包和框架日益丰富,使得 spark 能够进行高级数据分析。

1. Spark 的优势

处理能力快速。随着实施大数据的应用,要求越来越多,Hadoop MapReduce 将中间输出结果存储在 HDFS,但读写 HDFS 造成磁盘 I/O 频繁的方式,已不能满足这类需求,而 Spark 将执行工作流程抽象为通用的有向无环图(DAG)执行计划,可以将多任务并行或者串联执行,将中间结果存储在内存中,无须输出到 HDFS 中,避免了大量的磁盘 I/O。即便是内存不足,需要磁盘 I/O,其速度也是 Hadoop 的 10 倍以上。

易于使用。spark 支持 java、Scala、Python 和 R 等语言,允许在 Scala、Python 和 R 中进行交互式查询,大大降低了开发门槛。此外,为了适应程序员业务逻辑代码调用 SQL 模式,围绕数据库加应用的架构工作方式大可支持 SQL 及 Hive SQL 对数据进行查询。支持流式运算,与 MapReduce 只能处理离线数据相比,spark 还支持实时的流运算,可以实现高存储量的具备容错机制的实时流数据的处理,从数据源获取数据之后,可以使用诸如 Map、Reduce

和 Join 的高级函数进行复杂算法的处理,可以将处理结果存储到文件系统数据库中,或者作为数据源输出到下一个处理节点。

丰富的数据源支持。Spark 除了可以运行在当下的级 YARN 群管理之外,还可以读取 Hive、HBase、HDFS 以及几乎所有 Hadoop 的数据,这个特性让用户可以轻易迁移已有的持久化层数据。

2. Spark 生态系统 BDAS

BDAS 是伯克利数据分析栈的英文缩写,AMP 实验室提出,涵盖四个官方子模块,即 Spark SQL、Spark Streaming、机器学习库 MLlib 和图计算库 Graphx 等子项目,这些子项目在 Spark 上层提供了更高层、更丰富的计算范式。可见 Spark 专注于数据的计算,而数据的存储在生产环境中往往还是有 Hadoop 分布式文件系统 HDFS 承担。

(1)Spark

Spark 是整个 BDAS 的核心组件,是一个大数据分布式编程框架,不仅实现了 MapReduce 的算子 Map 函数和 Reduce 函数及计算模型,还提供更为丰富的数据操作,如 Filter、Join/goodByKey、reduceByKey 等。Spark 将分布式数据抽象为弹性分布式数据集(RDD),实现了应用任务调度、远程过程调用(RPC)、序列化和压缩等功能,并为运行在其上的单层组件提供编程接口(API),其底层采用了函数式语言书写而成,并且所提供的 API 深度借鉴 Scala 函数式的编程思想,提供与 Scala 类似的编程接口。Spark 将数据在分布式环境下分区,然后,将作业转化为有向无环图(DAG),并分阶段进行 DAG 的调度和任务的分布式并行处理。

(2)Spark SQL

Spark SQL 的前身是 Shark,是伯克利实验室 Spark 生态环境的组件之一,它修改了 Hive 的内存管理、物理计划、执行三个模块,并使之能运行在 Spark 引擎上,从而使得 SQL 查询的速度得到 10 ~ 100 倍的提升。与 Shark 相比,Spark SQL 在兼容性、性能优化性和组件扩展方面都更有优势。

(3)Spark Streaming

Spark Streaming 是一种构建在 Spark 上的实时计算框架,它扩展了 Spark 流式数据的能力,提供了一套高效可容错的准实时大规模流式处理框架,它能与批处理、即时查询放在同一个软件栈,降低学习成本。

（4）GraphX

GraphX 是一个分布式处理框架，它是基于 Spark 平台提供对图计算和图挖掘简洁易用的丰富接口，极大地方便了对分布式处理的需求。图的分布或者并行处理，其实是把图拆分成很多的子图，然后分别对这些子图进行计算，计算的时候可以分别迭代，进行分阶段计算。对图视图的所有操作最终都会转换成其关联的表视图的 RDD 操作来完成，在逻辑上等价于一系列 RDD 的转换过程。GraphX 的特点是离线计算批量处理，基于同步的整体同步并行计算模型（BSP），这样的优势在于可以提升数据处理的吞吐量和规模，但会造成速度上的不足。

（5）MLlib

MLlib 是构建在 Spark 上的分布式机器学习库，其充分利用 Spark 的内存计算和适合迭代型计算的优势，将性能大幅度提升，让大规模机器学习的算法开发不再复杂。

（四）流式大数据

Hadoop 等大数据解决方案，解决了当今大部分对于大数据的处理需求，但对于某些实时性要求很高的数据处理系统，Hadoop 则无能为力，对实时交互处理的需求催生了一个概念——流式大数据，对其进行处理计算的方式则称为流计算。

流式数据，是指由多个数据源持续生成的数据，通常也同时以数据记录的形式发送，规模较小。可以这样理解，需要处理的输入数据并不存储在磁盘或内存中，他们以一个或多个连续数据流的形式到达，即数据像水一样连续不断地流过。

流式数据包括多种数据，例如：Web 应用程序生成的日志文件、网购数据、游戏内玩家活动、社交网站信息、金融交易大厅、地理空间服务以及来自数据中心内所连接设备或仪器的遥测数据。流式数据的主要特点是数据源非常多、持续生成、单个数据规模小。流式大数据处理框架如下：

1. Storm

Storm 是一个免费开源的、高可靠性的、可容错的分布式实时计算系统。利用 Storm 可以很容易做到可靠的处理无限的数据流，像 Hadoop 批量处理大数据一样,Storm 可以进行实时数据处理。Storm 是非常快速的处理系统,在一个节点上每秒钟能处理超过 100 万个元组数据。Storm 有着非常良好的可扩展性和容错性,能保证数据一定被处理,并且提供了非常方便的编程接口,使得开发者们很容易上手进行设置和开发。

Storm 有着一些非常优秀的特性,首先是 Storm 编程简单,支持多种编程语言;其次,支持水平扩展,消息可靠性佳;最后,容错性强。

2. Spark Streaming

Spark Streaming 是 Spark 框架上的一个扩展,主要用于 Spark 上的实时流式数据处理。具有可扩展性高、吞吐量大、可容错性强等特点,是目前比较流行的流式数据处理框架之一,Spark 统一了编程模型和处理引擎,使这一切的处理流程非常简单。

3. 其他

目前比较流行的流式处理框架还有 Samza、Heron 等。这些处理框架都是开源的分布式系统,都具有可扩展性、容错性等诸多特性。

流式大数据框架将成为实时处理的主流框架,比如:新闻、股票、商务领域大部分数据的价值是随着时间的流逝而逐渐降低的,所以很多场景要求数据在出现之后必须尽快处理,而不是采取缓存成批数据再统一处理的模式。流式处理框架,为这一需求提供了有力支持。

第三章　知识获取之机器学习方法

第一节　机器学习概述

机器学习方法即用计算机的方法模拟人类学习的方法。因此在机器学习中需要讨论以下问题:一是需要讨论人类学习方法,只有了解了人类的"学习"机理后才能用"机器"对它进行"模拟";二是讨论机器学习,介绍机器学习的基本概念、思想与方法。

一、学习的概念

学习是一个过程,它是人类从外界获取知识的方法。人类的知识主要是通过"学习"而得到的。学习的方法很多,到目前为止人类对这方面的了解与认识还是有限的,对学习机理的认识与了解也不多,但这并不妨碍人们对学习的进一步了解与对机器学习的研究。

一般而言,学习分为两种,分别是间接学习与直接学习。

间接学习:就是通过他人的传授,包括老师、师傅、父母、前辈等言传身教而获取的知识,也可以是从书本、视频、音频等资料处所获取的知识。

直接学习:就是人类直接通过与外部世界的接触,包括观察、实践所获取的知识。这是人类获取知识的主要手段。

人类的学习主要是从直接知识中通过归纳、联想、范例、类比、灵感、顿悟等手段而获得新知识的过程。

二、机器学习的概念

机器学习的概念是建立在人类学习概念上的。所谓机器学习就是用计算机系统模拟人类学习的一门学科,这种学习目前主要是一种以归纳思维为核心的行为,它将外界众多事实的个体,通过归纳思维的方法将其归结成具有一般性效果的知识。

机器学习的结构模型分为计算机系统内部与计算机系统外部两个部分。其中,计算机系统内部是学习系统,它在计算机系统的支持下工作。计算机系统外部是学习系统外部世界。整个学习过程即是由学习系统与外部世界交互而完成学习功能。

机器学习中的学习系统主要完成学习的核心功能,它是一个计算机应用系统,这个系统由三部分内容组成:第一,样本数据。在学习系统中,计算机的学习都是通过数据学习的,这种数据一般称为样本数据,它具有统一的数据结构,并要求数据量大、数据正确性好。样本数据一般都是通过感知器从外部环境中获得。第二,机器建模。在学习系统中,学习过程用算法表示,并用代码形式组成程序模块,通过模块执行用以建立学习模型。在执行中需要输入大量的样本进行统计性计算。机器建模是学习系统中的主要内容。第三,学习模型。以样本数据为输入,用机器建模作运行,最终可得到学习的结果,它是学习所得到的知识模型,称为学习模型。

学习系统外部世界是学习系统的学习对象。人类学习知识大都通过作用于它而得到,学习系统外部世界由环境与感知器两部分内容组成:第一,环境。环境即是外部世界实体,它是获得知识的基本源泉。第二,感知器。环境中的实体有多种不同形式,如文字、声音、语言、动作、行为、姿态、表情等静态与动态形式,还具有可见/不可见(如红外线、紫外线等)、可感/不可感(如引力波、磁场等)多种方式,它需要有一种接口,将它们转换成学习系统中具有一定结构形式的数据,作为学习系统的输入,这就是样本数据。感知器的种类很多,常用的如模/数或数/模转换器,以及各类传感器。此外,如声音、图像、音频、视频等专用输入设备等[12]。

这样,一个机器学习的结构模型由五部分组成。整个学习过程从外部世界环境开始,从中获得环境中的一些实体,经感知器转换成数据后进入计算机系统以样本形式出现并作为计算机的输入,在机器建模中进行学习,最终得到学习的结果。这种结果一般以学习模型形式出现,是一种知识模型。

三、机器学习方法

已经介绍机器学习是在计算机系统支持下，由大量样本数据通过机器建模获得学习模型作为结果的一个过程，可用下面的公式表示：

样本数据 + 机器建模 = 学习模型

由此可见，机器学习的两大要素是样本数据与机器建模，故在讨论机器学习方法时首先要介绍样本数据与机器建模的基本概念，在此基础上对学习方法作进一步探讨。

（一）样本数据

样本数据亦称样本（Sample），是客观世界中事物在计算机中的一种结构化数据的表示，样本由若干个属性组成，属性表示样本的固有性质。在机器学习中样本在建模过程中起到了至关重要的作用，样本组成一种数据集合。这种集合在建模中训练模型，其量值越大所训练的模型正确性越高，因此样本的数量一般应具有海量性。

在训练模型过程中有两种不同表示形式的样本，样本中的属性在训练模型过程中一般仅作为训练而用，这种属性称为训练属性，因此如果样本中所有属性均为训练属性，这种样本通称为不带标号样本；而样本除训练属性外，还有另外一种作为训练属性所对应的输出数据的属性称为标号属性，而这种带有标号属性的样本称为带标号样本。一般而言，不同样本训练不同的模型。

（二）机器建模

机器建模即是用样本训练模型的过程，它可按不同样本分为以下三种：

1. 监督学习

由带标号样本所训练模型的学习方法称为监督学习。这个方法是：在训练前已知输入和相应输出，其任务是建立一个由输入映射到输出的模型。这种模型在训练前已有一个带初始参数值的模型框架，通过训练不断调整其参数值，这种训练的样本需要足够多才能使参数值逐渐收敛，达到稳定的值为止。这是一种最为有效的学习方法。目前使用也最为普遍，对这种学习方法，目前常用于分类分析，因此又称分类器。其主要的方法有：人工神经网络方法、决策树方法、贝叶斯方法以及支持向量机方法等。但是带标号样本数据的搜集与获取比较困难,这是它的不足之处。

2. 无监督学习

由不带标号样本训练模型的学习方法称为无监督学习。这个方法是:在训练前仅已知供训练的不带标号样本,其后期的模型是通过建模过程中算法的不断自我调节、自我更新与自我完善而逐步形成的。这种训练的样本也需要足够多才能使模型逐渐稳定。对于这种学习方法,目前其常用的有关联规则方法、聚类分析方法等。无监督学习的样本较易获得,但所得到的模型规范性不足。

3. 半监督学习

半监督学习又称混合监督学习,是先用少量带标号样本数据作训练,接下来即可用大量的不带标号样本训练,这样做既可避免带标号样本难以取得的缺点,也可避免最终模型规范性不足的缺点。这是一种典型的半监督学习方法。此外,还有一些非典型的半监督学习方法,又称弱监督学习方法。半监督学习方法目前常用的有迁移学习方法等;弱监督学习方法目前常用的有强化学习方法等。

(三)学习模型

学习模型是由样本数据通过机器建模而获得的学习结果,它是一种知识模型。

在讨论了样本数据、机器建模及学习模型后,下面将对 8 种学习方法分别讨论:第一,监督学习中的人工神经网络方法、决策树方法、贝叶斯方法、支持向量机方法;第二,无监督学习中的关联规则方法、聚类分析方法;第三,半监督学习中的迁移学习方法、强化学习方法。

第二节 人工神经网络与决策树

一、人工神经网络介绍

人工神经网络(Artifical Neural Networks, ANN)分为三部分:基本人工神

经元模型、基本人工神经网络及其结构和人工神经网络的学习机理。

(一)基本人工神经元模型

在人工神经网络中其基本单位是人工神经元,人工神经元有多种模型,但是有一种基本模型最为常见,称为基本人工神经元模型(或简称神经元模型),这是一种规范的模型,可用数学形式表示。

根据该模型,一个人工神经元一般由输入、输出及内部结构三部分组成。

1. 输入

一个神经元可接收多个外部的输入,即可以接收多个连接线的单向输入。每个连接线来源于外部(包括外部其他神经元)的输出 X_i,每个连接线还包括一个权(或称权值)W_{ij},其中 i 表示连接线中外部神经元输出编号,j 表示连接线目标指向的神经元编号,一般权值处于某个范围之内,可以是正值,也可以是负值。

2. 内部结构

一个人工神经元的内部结构由三部分组成。

(1)加法器

编号为人的神经元接收外部 m 个输入,包括输入信号 X_i 及与对应权 W_{ik} 的乘积($i = 1, 2, \cdots, m$))的累加,从而构成一个线性加法器。该加法器的值反映了外部神经元对 k 号神经元所产生的作用的值。

(2)偏差值

加法器所产生的值经常会受外部干扰与影响而产生偏差,因此需要有一个偏差值以弥补此不足,k 号神经元的偏差值一般可用 θ_k 表示。

(3)激活函数

激活函数 f 起辅助作用,设置它的目的是为了限制神经元输出值的幅度,亦即使神经元的输出限制在某个范围之内,如在 -1 到 $+1$ 之间或在 0 到 1 之间。

激活函数一般可采用常用的压缩型函数,如 Logistic 函数、Simoid 函数等。上述三部分构成了 k 号神经元的内部结构。

(二)基本人工神经网络及其结构

由人工神经元按一定规则组成人工神经网络。人工神经网络有基本网络与深层网络之分,这里介绍基本人工神经网络。

基本人工神经网络又称感知器(Perceptron),它一般包括单层感知器、双层感知器和三层感知器等。自然界的大脑神经网络结构比较复杂,规律性不强,但是人工神经网络为达到固定的功能与目标采用极有规则的结构方式,大致介绍如下:

1. 层(Layer)——单层与多层

人工神经网络按层组织,每层由若干个相同内部结构神经元并列组成,它们一般互不相连,层构成了人工神经网络 ANN 结构的基本单位。一个人工神经网络往往由若干个层组成,层与层之间有连接线相连。一个 ANN 有单层与多层之分,常用的是单层、二层及三层。

2. 结构方式——前向型与反馈型

在 ANN 的结构中神经元按层排列,其连接线是有向的。如果中间并未出现任何回路,则称此种结构方式为前向型 ANN 结构;而如果中间出现封闭回路(通常有一个延迟单元作为同步组件),则称此种结构方式为反馈型 ANN 结构。按单层/多层及前向/反馈可以构造若干不同的 ANN,如 M – P 模型、BP 模型及 Hopfield 模型等多种不同 ANN 模型。

(三)人工神经网络的学习机理

人工神经网络能自动进行学习,其基本思路是:首先建立带标号样本集,然后用神经网络算法训练样本集,神经网络通过不断调节网络不同层之间神经元连接上的权值使训练误差逐步减小,最后完成网络训练学习过程,即建立数学模型。将建立的数学模型应用在测试样本上进行分类测试,经测试完成后所得到的即为可实际使用的学习模型。

人工神经网络学习过程是以真实世界的数据样本为基础进行的,用数据样本对 ANN 进行训练,一个数据样本有输入与输出数据,它反映了客观世界数据间的真实因果关系,用数据样本中输入数据作为 ANN 输入,可以得到两种不同结果:一种是 ANN 的输出结果,另一种是样本的真实输出结果,其之间必有一定误差。为达到两者的一致,需要修正 ANN 中的参数,具体地说即是修正权 W_{ij}(还包括偏差值),这是用一组指定的、明确定义的学习算法来实现的,称为训练。通过不断地用数据样本对 ANN 进行训练,可以使权的修正值趋于0,达到权值的收敛与稳定,从而完成整个学习过程。经训练后的 ANN 即是一个经学习后掌握一定知识的模型,并具有一定的归纳推理能力,能进行预测、分类等。

二、人工神经网络中的反向传播模型——BP 模型

反向传播(Back Propagation)模型是 ANN 最常见的模型,它在实际应用中使用最广泛。反向传播模型又称 BP 模型,它是一种多层、前向(multilayer feed - forward)结构的人工神经网络,此种结构有如下特征:

(一)三层结构

典型 BP 模型由三层组成。

1. 第一层

第一层称为输入层,共由 m 个神经元组成,它接收外界 m 个输入端 X_i ($i = 1,2,\cdots,m$)的输入,每个输入端与一个神经元连接,这种神经元模型是一种非基本模型,其神经元的输入为对应的外界输入值,而其输出端的值与输入端一致,即此 k 号神经元的输入值 $I_k = X_k$,并且有 $O_k = I_k = X_k$。

2. 第二层

第二层称为隐藏层,它共由 n 个神经元组成,此种神经元具有基本人工神经元模型的形式,它的每个神经元接受第一层神经元全部 m 个输出作为其输入,这种输入方式称为全连接输入。

3. 第三层

第三层称为输出层,由 p 个神经元组成,它也具有基本人工神经元模型的形式,同时它也接受第二层的全连接输入,此层神经元的输出即作为整个 ANN 的输出。

(二)学习能力

BP 模型具有较强的学习能力,其学习方式是通过反向传播方式进行的。所谓反向传播方式即对一个训练样本作 BP 模型的输入,此时在输出层必有一个输出,对此输出与样本的类标记(即样本的期望输出,或称样本实际输出)间必有误差,此时计算输出层输出的误差值,并由此反向推导出隐藏层的误差值,最后由此误差值计算出需修正的权值及偏差值,具体过程为当一

个样本值输入 BP 网络后,由反向传播方式计算。

三、基于反向传播模型的分类算法

下面主要讨论用 BP 网络为工具以实现分类归纳为目标的算法,该算法的大致方法与步骤由下面几部分组成。

(一)一组训练样本

算法输入需要一组样本,样本由数据与类标记两部分组成,样本必须经过离散化处理,同时为加快学习速度,还需对样本数据值规范化处理,使它落入(0,1)之间。

(二)一个 BP 网络

算法输入需要有一个初始化的 BP 网络,即需要一些初始参数与初始设置。第一,输入层神经元个数:由样本数据决定。第二,隐藏层神经元个数:没有明确规则,需要凭经验与实际实验。第三,输出层神经元个数:由类标记决定。第四,初始权值确定:与网络结构及经验有关,样本为(-1.0,1.0)间的小随机数。第五,初始偏差值确定:一般也是一个在(-1.0,1.0)间的小随机数。第六,激活函数的确定:激活函数有多种,一般常用的是 Logistic 函数或 Simoid 函数,可以任选其中之一。一般采用 Logistic 函数,它是一个线性、可微的函数,它的表达式为:

$$O_j = \frac{1}{1 + e^{-I_j}}$$

(三)学习率 l

算法输入尚需选择一个学习率 l,学习率的选择有助于寻找全局最小的权值。学习率选择太小,学习过程将会进行得很慢;而如果学习率选择太大,则可能会出现在不适当的解之间摆动,它一般可以选择(0,1)之间的一个常量,常用的经验值为 $1/t$, t 是对已训练样本集迭代的次数。

四、决策树

决策树(Decision Tree)是一种归纳性方法,这种方法的输入是一组带标号样本数据,根据样本数据通过算法流程可以构造一棵树。树中每个内部结点表示在一个属性上的测试,每个分支代表一个测试输出,而树中叶结点表示带标号的结果,而树的最顶层结点是根结点,这种树称为决策树。确定决策树后即可对树作优化,即树剪枝。最后根据所得到的优化后的树获得归纳规则。

该算法规则形成的过程由三部分组成:一是决策树基本算法,二是树剪枝,三是由决策树提取规则。决策树主要用于分类学习中。

(一)决策树算法

1. 算法介绍

决策树的基本算法是一种贪心算法,它以自顶向下递归的方式构造决策树。算法在执行前必须满足下面几个关键性要求:第一,算法的输入是带标号训练样本。它由若干个属性组成。第二,所有属性值必须是离散的,即必须是有限个数的。第三,该算法的结果是一棵决策树,它是由样本属性作为结点构成的一棵外向树,其中非叶结点由决策对象属性构成,叶结点由标号属性构成。决策树自根开始按层构造,每次选取一个属性作为当前测试结点,结点选择通过信息论中的信息增益的熵值作度量(有关度量的计算将在度量计算方法中说明),选择其最大的属性作为当前的结点。

(二)树剪枝

在创建树过程中,训练样本起关键作用,而训练样本集中的数据往往存在着个别的噪声与孤立点,它将对决策树的建立起着错误指导作用,这种决策树过分拟合训练样本集的现象称为过度拟合,为解决此问题必须即时剪去那些异常的分支称为决策树剪枝。常用的决策树剪枝有两种方法:

1. 预剪枝(Prepruning)方法

预剪枝方法是限制决策树的过度生长。一种最为简单的手段是事先限制树的最大生长高度,另一种手段是通过一些统计检验方式,以评估每次结点分裂对系统性能的增益,如增益值小于预先给定阈值,则停止分裂而把当前结点作为叶结点。

2. 后剪枝(Postpruning)方法

后剪枝方法允许决策树过度生长并在决策树生成完成后再按一定规则作剪枝,其规则是:一是对树中结点用一些方法评估其预测误差率,并将误差率高的结点作剪枝,剪去其子树并将该结点变成一个叶结点。二是对树的剪枝可有两种方式:一种是自底向上;另一种是由顶向下。自底向上方法即是从树的底层非叶结点开始剪枝,而由顶向下则是从根结点以下开始剪枝。

第三节 贝叶斯方法与支持向量机方法

一、概述

贝叶斯(Bayes)方法是一种统计方法,它属概率论范畴,它用概率方法研究客体的概率分布规律。贝叶斯方法中的一个关键定理是贝叶斯定理(Bayes Theorem),利用贝叶斯方法与贝叶斯定理可以构造贝叶斯分类规律。目前贝叶斯分类有两种:一种是朴素贝叶斯分类或称朴素贝叶斯网络(Native Bayes Network);另一种是贝叶斯网络或称贝叶斯信念网络(Bayesian Belief Network)。

贝叶斯分类也是以训练样本为基础的,它将训练样本分解成 n 维特征向量 $X = \{x_1, x_2, \cdots, x_n\}$,其中特征向量的每个分量 $x_i\{i = 1, 2, \cdots n\}$ 分别描述 X 的相应属性 $A_i\{i = 1, 2, \cdots, n\}$ 的度量。在训练样本集中,每个样本唯一归属于 m 个决策类 $C_1, C_2, \cdots, C_m$ 中的一个。如果特征向量中的每个属性值对给定类的影响独立于其他属性的值,亦即是说,特征向量各属性值之间不存在依赖关系(称此为类条件独立假定),此种贝叶斯分类称为朴素贝叶斯分类,否则称为贝叶斯网络。朴素贝叶斯分类简化了计算,使得分类变得较为简单,利用此种分类可以达到精确分类目的。而在贝叶斯网络中,由于属性间存在依赖关系,因此可以构造一个属性间依赖的网络以及一组属性间概率分布参数。

(二)贝叶斯理论与贝叶斯定理

下面介绍贝叶斯方法的基本理论及贝叶斯定理,贝叶斯理论是一种基于统计的概率理论。

1. 贝叶斯理论

在贝叶斯理论中有两种概率:第一,在一组客体中事件 X 出现的概率可

记为 $P(X)$,在贝叶斯理论中也可说 $P(X)$ 是 X 的先验概率。设客体数为 u , X 出现次数为 v ,此时则有 $P(X) = v/u$ 。第二,在一组客体中,条件 Y 下事件 X 出现的概率可记为 $P(X/Y)$,在贝叶斯理论中也可说 $P(X/Y)$ 是条件 Y 下 X 的后验概率,设客体数为 u ,而满足 Y 的客体数为 u' , X 出现次数为 v ,此时则有 $P(X/Y) = v/u'$ 。

2. 贝叶斯定理

贝叶斯方法中最主要的定理是贝叶斯定理,贝叶斯定理如下述公式所示:

$$P(H/X) = P(X/H) \cdot P(H)/P(X)$$

该定理中先验概率 $P(X)$ 与 $P(H)$ 是易于计算的,因此该定理实际上是建立了两个后验概率的关系,即由 $P(X/H)$ 可得到 $P(H/X)$ 。

贝叶斯定理是构成贝叶斯分类归纳规律的基础定理。

(三)朴素贝叶斯分类归纳方法

朴素贝叶斯分类方法是整个贝叶斯分类方法的基础,它建立在贝叶斯定理之上,其分类过程如下:

1. 分类前提

有一个数据样本集,每个样本是一个 n 维向量 $X = (x_1, x_2, \cdots, x_n)$,它表示样本 n 个属性 $A_1, A_2, \cdots, A_n$ 的度量,并假设均为离散值。

2. 分类原理

应用贝叶斯定理,用先验概率 $P(X)$ 、$P(H)$ 及后验概率 $P(X/H)$ 计算出后验概率 $P(H/X)$,亦即是说在 $P(X)$ 及 $P(H)$ 为易于计算下,可由已知的分类规则 $P(H/X)$ 计算出未知的预测值 $P(H/X)$ 。

二、支持向量机方法

支持向量机(Support Vector Machine,SVM)是一种监督式学习的方法,它应用于分类分析中,在解决小样本、非线性及高维模式识别中表现出特有的优势。该方法的特点是它能最小化经验误差的同时最大化几何边缘区。

支持向量机 SVM 是一种浅层学习模型典范,它可以将不同类别的数据特征向量通过特定的核函数由低维空间映射到高维空间,然后在高维空间中寻找分类的最优超平面。支持向量机具有较好的泛化能力,而且支持向量机所求得的是全局最优解。

传统人工神经网络通常只通过增加样本数量来减少分类误差,提高识别精度,而当分类器对训练样本过度拟合时,在实际情况中,并不能准确地分类测试样本,造成了分类器的推广能力差。

支持向量机在非线性高维模式识别中有很大优势。其主要思想是把低维空间中线性不可分的问题转化到高维空间中就变成了线性可分,从低维空间到高维空间的转换用到了核函数(Kernel Function),核函数的优点是避免了维度灾难。转化为线性可分问题后,就是要优化某分类之间的最大类间隔,寻找最优的分割超平面。核函数的引入对支持向量机是很重要的。目前常用的核函数有:

多项式核函数:

$$k(x_i, x_j) = (x_i^{\mathrm{T}} x_j)^d$$

高斯核函数:

$$k(x_i, x_j) = \exp\left(-\frac{\| x_i - x_j \|^2}{2\sigma^2}\right)$$

Sigmoid 核函数:

$$k(x_i, x_j) = \tanh(\beta x_i^{\mathrm{T}} x_j + \theta)$$

前面介绍的是简单的双分类问题,对于多分类问题,支持向量机的实现方法是:通过对一系列的两类分类器的组合从而实现多类问题;通过合并多个分类面的参数到一个最优化问题,然后求解该最优化问题实现多类分类。

支持向量机较适合于解决的样本集较小、问题简单、样本非线性及样本维度高等分类问题。而且相对于其他机器学习方法具有更好的泛化能力。为了使不同种类的数据在空间上能够最好地分隔开来,支持向量机通过找到一个最优的分类超平面来解决这个问题。

第四节　关联规则方法与聚类方法

一、关联规则基本概念

关联规则是无监督学习中最常用的方法,我们知道,世界上很多事物间都有固定的关联,通过关联规则方法可以获得事物间的固定的规则。

项是关联规则中的基本元素,它可用字符串表示,一般用以 i 或 i_j 表示。而项集是项的集合,可用 I 表示。$I = \{i_1, i_2, \cdots, i_n\}$ 项集给出了关联规则的数据对象。

关联规则是一个蕴涵式:$X \Rightarrow Y$,其中 $X, Y \subset I$ 且 $X \cap Y = \varnothing$,它表示某些项 X 出现时另一些项 Y 也会出现。

二、聚类方法

聚类方法是无监督学习的一种重要方法,在该方法中样本数据没有标号属性。

(一)聚类方法概述

聚类(Clustering)是将数据对象进行分组并将相似对象归为一类的过程。数据聚类将数据的对象分成几个群体,在每个群体内部对象之间具有较高的相似性,而不同群体的对象之间则具有较高相异性或较低相似性。一般来说,一个群体称为一个类,对一个对象集合事先并不知道对象所属的类,这就需要定义一个衡量对象之间相似性的标准,并通过一定的算法用于决定类。

(二)聚类分析中的几个基本概念

1. 样本集

聚类分析以不带标号样本集作为其分析目标,它是由 m 个样本组成的集合,即 $X = \{X_1, X_2, \cdots, X_m\}$,而每个样本则是一个 n 维向量,即 $X_i = (x_{i1}, x_{i2}, \cdots, x_{in})$,$i = 1, 2, \cdots, m$。一般,可以用 n 维空间来观察样本集,样本是几维空间上的一个点,而样本集则是 n 维空间上的点集。

2. 样本相似性度量

如果将样本看成是 n 维向量空间上的一个点,那么,样本间的相似性可用 n 维向量空间上距离的"远""近"表示。如果两点间距离"近"则样本间相似度高,如果两点间距离"远"则样本间相似度低,而计算 n 维向量空间上两点间距离的方法常用的有欧几里得距离(Euclidian Distance)与曼哈顿距离(Manhattan Distance)。

3. 样本集的划分

聚集分析的目的是将样本集按相似性要求划分成若干个类：G_1，G_2，$\cdots G_t$，并且满足：第一，$G_i \neq \varnothing$（$i = 1,2,\cdots,t$）。第二，$G_1 \cup G_2 \cup \cdots \cup G_t = X$。第三，$G_i \cap G_j = \varnothing$（$i \neq j$）。

若 t 为预先设定则称为固定聚类分析，若 t 不为预先设定则称为动态聚类分析。

第五节　迁移学习与强化学习方法

一、迁移学习的基本概念

人类在学习过程中有很多学习的方式、特征都是类似的，如人们在学习骑自行车中所学得的经验，在此后学习开摩托车时将会变得很容易。又如一个人要是熟悉中国象棋，他也可以轻松地学会国际象棋，同时在学习围棋时也会同样很容易学会。这就如我国的成语"举一反三"，它告诉了我们，在某个领域中所学习到的知识可以在另一个领域中有类似的知识供使用，这就是迁移学习的思想。

基于这种迁移学习的思想，可以建立起人工智能中的迁移学习理论，它可作为机器学习的一个部分用于知识的获取，包括如下一些内容：

（一）源领域

在迁移学习中所需迁移知识所在的领域称为源领域，如"自行车"领域、"中国象棋"领域等均为源领域。

（二）目标领域

在迁移学习中所需迁移知识的目标所在的领域称为目标领域，如"摩托车"领域、"国际象棋"领域及"围棋"领域等均为目标领域。

（三）迁移学习

在源领域中所学习到的知识往往可以在目标领域中也可学习到类似的知识，此时可以用某些变换、映射等手段从源领域将知识转移到目标领域中，从而达到减少目标领域中的学习成本，提高学习效果的作用，此种学习称为迁移学习。在迁移学习中,目标领域的学习方法是分两个步骤进行的:一是从源领域中通过迁移学习将一部分类似的知识迁移至目标领域;二是以这些知识为起点,在目标领域中继续学习,此时的学习已有了迁移的知识,因此学习就变得简单、方便和容易。

在一些情况下,迁移学习所起的作用特别明显。如:在监督学习中,学习方法多、效果好,但它所用的带标号样本数据不易获得;而在无监督学习中,学习方法效果一般不如前者好,但它所用的不带标号样本数据易于获得,因此在迁移学习中往往将源领域中使用监督学习方法以获得良好的学习结果,然后通过迁移学习将结果迁移至目标领域,在目标领域中使用无监督学习方法,由于此时所用的样本数据易于获得,因此整个学习会变得容易与方便。在使用迁移学习中,目标领域中的学习方法是先用监督学习,再使用无监督学习,从而达到较好的学习效果,这种学习方法即可称为半监督学习方法。

二、迁移学习的基本内容

在迁移学习中的基本内容包括迁移内容与迁移算法两个部分。

(一)迁移内容

在迁移学习中的迁移内容包括三个部分。

1. 样本迁移

样本迁移就是将源领域中相似的样本数据迁移至目标领域,在迁移后的数据须作适当的权重调整。样本迁移的优点是简单、方便,它的缺点是权重调整难以把握,一般以人的经验为准。

2. 特征迁移

特征迁移就是将源领域中相似的特征知识通过一定的映射迁移至目标领域,作为目标领域中的特征知识。特征迁移目前为大多数方法所适用,但它的缺点是映射的设置难以把握,一般也以人的经验为准。

3. 模型迁移

模型迁移就是将源领域中的整个模型通过一定的方法迁移至目标领域,作为目标领域中的模型。这要有一定的前提,即两个领域具有相同的模型结构,而所迁移的是模型参数,通过一定的变换,将源领域中的模型参数迁移至目标领域。这种方法是目前研究的重点,其预期效果较为理想。

（二）迁移算法

迁移算法是目前迁移学习研究的重点。目前研究集中在特征迁移算法的研究上,并取得了重大进展,接下来模型迁移算法的研究将成为新的重点。此外,在算法的研究上还有很多问题有待解决。例如:针对领域相似性、共同性的度量,研究准确的度量算法。在算法研究方面,对于不同的应用,迁移学习算法需求是不一样的。因此针对各种应用的迁移学习算法。关于迁移学习算法有效性的理论研究还很缺乏,研究可迁移学习条件,获取实现正迁移的本质属性,避免负迁移。

在大数据环境下,研究高效的迁移学习算法尤为重要。目前的研究主要还是集中在数据量小而且测试数据非常标准的环境中,应把研究的算法瞄准于实际应用数据,以适应目前大数据研究浪潮。尽管迁移学习的算法研究还存在着各种各样的挑战,但是随着越来越多的研究人员投入该项研究中,一定会促进迁移学习研究的蓬勃发展。

三、迁移学习的评价

迁移学习可以充分利用现有模型知识,使成熟的机器学习模型仅需少量调整即可获得新的结果,因此具有重要的应用价值。近年来,迁移学习已在文本分类、文本聚类、情感分类、图像分类等方面取得了重大的应用与研究成果。

但是迁移学习毕竟是一门新发展的学科领域,它的理论基础尚待进一步提高,算法研究有待继续努力,而它的应用则尚有大幅度拓展的空间。它目前的研究重点是算法研究,只有有效算法的支持才能使应用更具前景。

四、强化学习方法

强化学习来自动物学习以及控制论思想等理论,这种学习的基本思想是通过学习模型与学习环境的相互作用,所产生的某种动作是强化(鼓励或者信号增强)还是弱化(抑制或者信号减弱)来动态地调整动作,最终达到模型所期望的目标。

在强化学习方法下,为达到某固定目标学习模型与环境相互作用,模型不断采用试探方式执行不同动作以产生不同结果,通过奖励函数,对每个动作打分,通过分值的大小以示对结果的认可度。这样,在奖励函数的引导下学习模型可用自主学习方式得到相应策略以达到最终的结果目标。

在强化学习方法中,学习模型能自主产生的动作实际上是一个不带标号样本。而这种样本通过奖励函数计算而得的数据则是标号属性,这两者的结合组成一种新的样本则是一个带标号样本。因此在此方式下,模型不断自主产生不带标号样本,经奖励函数计算后得到带标号样本,因此这是一种弱监督学习方法。

强化学习方法的典型例子是驯犬员训练狗。当驯犬员用某个固定手势命令狗做打滚动作,当狗按要求完成打滚动作后即喂以食物以示鼓励;而当狗按要求完成完美的打滚动作后即喂以更多食物以示更强的鼓励;而当狗按要求完成并不标准的打滚动作后即喂以较少食物以示较弱鼓励;而当狗并未按要求完成打滚动作,此时驯犬员不喂以食物以示惩罚。在此训练方法中,其学习模型是驯犬员,而环境是狗,目标是狗打滚。在学习模型行动时,其动作是手势,结果是狗打滚,而奖励函数则是喂食多少。通过这种方法最终必能达到训练狗打滚的目标。

强化学习方法在人工智能发展的初期即已出现,典型的应用是利用奖励函数博弈,如国际象棋中著名的八皇后问题的求解,在人工智能发展的现在,著名的 AlphaGo 都是应用强化学习方法。

第四章 人工神经网络与深度学习

第一节 人工神经网络与深度学习概念

一、人工神经网络的概念及发展

人工神经网络,简称神经网络(Neural Networks,NN)。神经网络最早是人工智能领域的一种算法或者模型,目前神经网络已经发展成为一类多学科交叉的学科领域,特别是随着 Hinton 在深度学习上取得的进展,神经网络再次受到人们的关注。

提到人工神经网络,很容易让我们联想到人脑,人脑的神经系统是由众多密集且相互联系的神经元或基本信息处理单元组成的。与人脑的神经系统类似,人工神经网络由众多相连的人工神经元组成,通过人工神经元之间的并行协作实现对人类智能的模拟。也就是说人工神经网络是对人脑或自然神经网络若干基本特性的抽象和模拟,是一种基于连接学说构造的智能仿生模型,是由大量神经元组成的非线性动力系统。国际著名神经网络研究专家 Hecht Nielsen 曾说,人工神经网络是由人工建立的、以有向图为拓扑结构的动态系统,它通过对连续或断续的输入作状态响应而进行信息处理。我们综合来源、特点和各种解释,神经网络可简单地表述为人工神经网络是一种旨在模仿人脑结构及其功能的信息处理系统。

人工神经网络开始于 20 世纪 40 年代初期,对人工神经网络的研究也并不是十分顺利的,主要可以分为以下三个阶段。

第一阶段:20 世纪 40 年代至 20 世纪 60 年代初。生理学家 McCulloch 和数学家 Pitts 发表文章,提出了第一个神经元模型(M－P 模型),他们的努力奠定了网络模型和以后神经网络开发的基础,开启了人们对人工神经网络的研究。20 世纪 50 年代,心理学家 Donald O. Hebb 提出了连接权值强化的 Hebb 法则——在神经网络中,信息存储在连接权中,神经元之间突触的联系强度是可变的,这种变化建立起神经元之间的连接。Hebb 法则为构造有学习功能的神经网络模型奠定了基础。生物学家 Eccles 提出了真实突触的分流模型,这一模型通过突触的电生理实验得到证实,因而为神经网络模拟突触的功能提供了原型和生理学的证据。Uttley 发明了一种由处理单元组成的推理机,用于模拟行为及条件反射。20 世纪 70 年代中期,他把该推理机用于自适应模式识别,并认为该模型能反映实际神经系统的工作原理。Widrow 和 Hoff 提出了自适应线性元件 Adaline 网络模型,这是一种连续取值的自适应线性神经元网络模型,他们对分段线性网络的训练有一定作用,此方法速度较快且具有较高的精度。

第二阶段:20 世纪 60 年代初至 20 世纪 70 年代末。在第一次神经网络研究热潮中,人们忽视了其本身的局限性。20 世纪 60 年代末,Minskyh 和 Papert 经过多年的研究,提出了对当前成果的质疑,指出当前的网络只能应用于简单的线性问题,却不能有效地应用于多层网络,由此开始了神经网络的低谷期。20 世纪 70 年代,芬兰的 Kohonen 教授,提出了自组织映射(SOM)理论;同时,美国的神经生理学家和心理学家 Anderson 提出了一个与之类似的神经网络,称为"交互存储器"。现在的神经网络主要是根据 Kohonen 的工作来实现的。20 世纪 80 年代福岛邦彦发表的"新认知机"是视觉模式识别机制模型,它与生物视觉理论结合,综合出一种神经网络模型,使它像人类一样具有一定模式识别能力。在低谷时期,许多重要研究成果都为日后神经网络理论研究打下了坚实的基础。

第三阶段:20 世纪 80 年代初至今。美国物理学家 Hopfield 博士提出了 Hopfield 模型理论,他证明了在一定条件下,网络可以达到稳定的状态。在他的影响下,大量学者又重新开始了对神经网络的研究。由美国的 Rumelhart 和 McCkekkand 提出了 PDP(Parallel Distributed Processing)网络思想,再一次推动了神经网络的发展。20 世纪 90 年代中后期,神经网络研究步入了一个新的时期,在已有理论不断深化的同时,新的理论和方法也不断涌现。20 世纪 90 年代中期,Jenkins 等人开始研究光学神经网络(PNN),建立了光学二维并行互联与电子学混合的光学神经网络系统。经过多年的发展,目前已有上百种神经网络模型被提出并得到应用。

二、人工神经网络的特点

前面提到,神经网络是一种基于连接学说构造的智能仿生模型,是由大量神经元组成的非线性动力系统,那么神经网络除了具有非线性系统的特点之外,还具有自身的其他一些特点。不同人在研究神经网络时对其特点做了不同的分类。我们可以将神经网络的特点分为以下几点。

(一)信息处理的并行性、信息存储的分布性

人工神经网络是由大量简单神经元相互连接构成的高度并行的非线性系统,具有大规模并行性处理特性。虽然每个神经元的处理功能十分有限,但是大量神经元的并行活动使网络呈现出丰富的功能并具有较快的速度。结构上的并行性使网络的信息存储必然采用分布方式,即信息不是存储在网络的某个局部,而是分布在网络所有的连接权中。一个神经网络可存储多种信息,其中每个神经元的连接权中存储的只是多种信息的一部分。当需要获得已存储的知识时,神经网络在输入信息激励下采用"联想"的方法进行回忆,因而具有联想记忆功能。神经网络内在的并行性与分布性表现在其信息的存储与处理上。

(二)高度的非线性、良好的容错性和计算的非精确性

神经元在网络中处于激活或抑制两种不同的状态,这种行为在数学上表现为一种非线性关系,神经元的广泛互联与并行工作也必然使整个网络呈现出高度的非线性特点。而信息分布存储的结构特点会使神经网络在两个方面表现出良好的容错性:一方面,由于信息的分布式存储,当网络中部分神经元损坏时不会对系统的整体性能造成影响;另一方面,当输入模糊、残缺或变形的信息时,神经网络能通过联想恢复记忆,从而实现对不完整输入信息的正确识别。神经网络能够处理连续的模拟信号以及不精确的、不完全的模糊信息,因此神经网络给出的是最优解而非精确解。

(三)自学习、自组织与自适应性

自适应性是指一个系统能够改变自身的性能以适应环境变化的能力,它是神经网络的一个重要特性。自适应性包括自学习与自组织两层含义。

神经网络的自学习是指当外界环境发生变化时,经过一段时间的训练或感知,神经网络能够通过自动调整网络结构参数,使得对给定输入产生期望的输出。训练是神经网络学习的途径,因此人们经常将学习与训练这两个词混用。神经系统能在外部环境的刺激下按一定规则调整神经元之间的突触连接强度,逐渐构建神经网络,这一构建过程称为网络的自组织(或称重构)。神经网络的自组织能力与自适应性相关,自适应性是通过自组织实现的。

除了由以上介绍的并行性、分布性、容错性以及自适应性外,还有一点模式识别能力。我们也可以认为模式识别是 ANN 最重要的特征之一。它不但能识别静态信息,对实时处理复杂的动态信息(随时间和空间变化的)也具有巨大潜力。

三、深度学习的概念

深度学习并不是一个全新的概念,深度学习是神经网络发展历程中的产物,所以我们可以说深度学习本质上是包含多个隐含层的人工神经网络。深度学习也叫无监督特征学习,即可以无须人为设计特征提取,特征从数据中学习而来。深度学习实质上是多层表示学习(Representation Learning)方法的非线性组合。表示学习是指从数据中学习表示(或特征),以便在分类和预测时提取数据中的有用信息。因此在很多场合下深度学习又被称为表示学习。如果我们更为直接一点地理解深度学习,深度学习指的就是深度神经网络模型,一般指网络层数在三层或者三层以上的神经网络结构。理论上而言,参数越多的模型复杂度越高,"容量"也就越大,也就意味着它能完成更复杂的学习任务。

在继续了解深度学习之前,我们需要了解什么是机器学习。机器学习是人工智能的一个分支,简单理解机器学习就是通过算法,使得机器能从大量历史数据中学习规律,从而对新的样本做智能识别或对未来做预测。机器学习的发展经过了两个阶段,第一个阶段是浅层学习,第二个阶段就是我们现在所说的深度学习。第一阶段的浅层学习我们在这里不作介绍。第二阶段的深度学习一般认为开始于加拿大多伦多大学机器学习领域的泰斗 Hinton 教授和他的学生 Salakhutdinov 在顶尖学术刊物《科学》上发表的一篇文章。这篇文章向外界传递出了两个信息：一是很多隐层的人工神经网络具有优异的特征学习能力，学习得到的特征对数据有更本质的刻画，从而有利于可视化或分类；二是深度神经网络在训练上的难度，可以通过"逐层初始化"来有效克服。在这篇文章中，逐层初始化是通过无监督学习实现的。自此之后，人们对于深度学习的研究便一直持续到今天。而这一段时间正对应着人工神经网络的复兴阶段，所以说深度学习的提出带动了人工神经网络的复兴。

在了解了深度学习的基本概念后，我们再来介绍一下深度学习框架。深度学习框架是专为深度学习领域开发的具有一套独立的体系结构、统一的风格模板、可以复用的解决方案。它一般具有高内聚、严规范、可扩展、可维护、高通用的特点，且拥有统一的代码风格、模板化的结构，能减少大量重复代码的编写。随着深度学习的日益火热，越来越多的深度学习框架被开发出来。

第二节　人工神经网络与深度学习的理论方法与分类

一、人工神经网络的理论方法

前面提到，神经网络是由众多神经元组成的。神经元是神经网络中最基本的结构，也是神经网络的基本单元。在生物学上也有神经元的概念，一个神经元通常由树突、轴突、轴突末梢组成，树突通常有多个，主要用来传递信号，而轴突只有一条，轴突尾端有很多轴突末梢可以用来给其他神经元传递信息。轴突末梢跟其他神经元的树突产生连接，连接的位置在生物学上叫作突触。

在人工神经网络中，最基本的处理单元就是人工神经元，这与大脑中的生物神经元类似，人工神经元之间通过有权重的连接，将信号从一个神经元传递到另一个神经元。神经元接收来自输入连接的信号，计算激活水平并将其作为输出信号通过输出连接进行传送。输入信号可以是原始数据或其他神经元的输出。输出信号可以是问题的最终解决方案，也可以是其他神经元的输入信号。人工神经元就是对生物神经元的抽象与模拟。如果我们想要构造一个人工神经网络,首要问题就是构造人工神经元。现如今经常使用的神经元模型是心理学家麦卡洛克(Warren McCulloch)和数理逻辑学家皮茨(Walter Pitts)在 20 世纪 40 年代提出的神经元模型,简称 M－P 模型。该模型从逻辑功能器件的角度来描述神经元,为神经网络的理论研究开辟了道路。M－P 模型是对生物神经元信息处理模式的数学简化,后续的神经网络研究工作都是以它为基础的。

人工神经网络有自适应、自学习的特点,在我们确定了神经元后只是确定了神经网络的结构,接下来就需要进行学习(也称训练)。神经网络不是通过改变处理单元的本身来完成训练和学习过程的,而是依靠改变网络中各神经元节点的连接权重来完成的。因此若处理单元要学会正确的处理所给定的问题,唯一用以改变处理单元性能的元素就是连接权重。

人工神经网络的学习方法由学习方式和学习规则确定。学习方式主要分为有监督和无监督两种。神经网络的主要学习规则有误差纠正学习、Hebb 学习和竞争学习。

二、人工神经网络的分类

神经网络按照不同的结构、功能以及学习算法对网络进行分类,可以分为以下两种:一是感知器神经网络,最简单的神经网络类型,只有单层的神经网络结构,采用硬限值作为网络传递函数,主要适用于简单的线性二类划分问题,处理此类问题的效率较高;二是线性神经网络,单层结构的神经网络,采用线性函数作为网络的传递,主要也是用于解决线性逼近问题。

前面提到神经元是神经网络中最基本的处理单元,要想建立一个神经网络首先要确定用到多少神经元以及如何连接神经元。网络模型是神经网络研究的一个重要方法,针对不同的问题会有不同的网络模型。我们根据网络的结构可以将网络分为以下几类。

(一)前馈网络

前馈网络具有阶梯分层结构,属于典型的层次型人工神经网络。前馈网络从输入层至输出层的信号通过单向连接流通;神经元从一层连接至下一层,不存在同层神经元间的连接。前馈网络只有前后相邻两层之间神经元相互单向连接,且各神经元间没有反馈。每一个神经元可以从前一层接收多个输入,但只有一个输出送到下一层的各神经元。

(二)反馈网络

在反馈网络中,多个神经元互联以组织一个互联神经网络。反馈网络中有些神经元的输出被反馈至同层或前层神经元,即每一个神经元同时接收外部输入和反馈输入,其中包括神经元本身的自环反馈。因此,反馈网络的信号能够从正向和反向流通。反馈网络又称为递归网络。

(三)网状网络

网状网络的特点是,构成网络的神经元都可能双向连接,所有的神经元既可以作为输入也可以作为输出。在这种网络中,若在其外部施加一个输入,各神经元一边相互作用,一边进行信息处理,直到使所有神经元的活性度或输出值收敛于某个平均值为止,作为信息处理的结束[13]。

(四)混合型网络

混合型网络的结构是介于前向网络和网状网络这两种网络之间的一种连接方式。它在前向网络的基础上,将同一层的神经元进行互联。其目的是为了限制同层内神经元同时兴奋或抑制的神经元数目,以完成特定的功能。

三、深度学习的理论方法与分类

在这里主要简单介绍一些常用的深度学习方法模型,深度学习发展至今,主要有以下几类学习方法模型。

(一)卷积神经网络

卷积神经网络(ConvolutionalNeturl Networks,CNN)是在模式识别、图像处理领域的一种高效且稳定的方法,它通过局部感知、共享权值、空间或时间上的池采样来充分利用数据本身包含的局部特性,以优化网络结构,保证一定程度上的位移和变形的不变性。一个完整的卷积神经网络基本上由输入层、卷积层、池化层、全连接层和 Soft Max 层这 5 种结构组成。输入层是整个卷积神经网络的输入,一般代表一张图片的像素矩阵;卷积层是整个神经网络的核心,一般将前一层神经网络上的子节点矩阵卷积转化为下一层神经网络上的节点矩阵,并增加节点矩阵的深度,以达到更深层次抽象特征表达的目的;池化层的实质是数理统计矩阵块不重叠区域的聚合特征,一般有平均池采样和最大池采样两种方法,池采样层不会改变特征矩阵的深度,但可以缩小矩阵的大小,简化神经网络的结构;全连接层一般位于多次卷积池化处理后,用以给出最后的分类结果。

(二)受限玻耳兹曼机

受限玻耳兹曼机(Cassification Restricted Boltzmann Machine,RBM)是由 Smolensky 在波耳兹曼机基础上提出的,由显性单元(显性变量)和隐性单元(隐性变量)构成。在受限玻耳兹曼机模型中,显性单元和隐性单元之间才会存在映射关系,显性单元内部及隐性单元内部均不会存在连接。受限玻耳兹曼机的训练方式主要是基于对比散度的快速学习算法。

(三)自动编码器

自动编码器(Auto Encoder,AE)是由 Rumelhart 于 20 世纪 80 年代提出的一种典型的无监督式机器学习方法。自动编码器主要由编码器和解译器两部分组成。编码器的作用是将输入的信号压缩表示传递给下一层网络,而解译器的作用则是解译编码器压缩重建的数据信号,传递输出信号。编码器和解译器在本质上都是对输入的信号进行某种变换,从而复原输入信号。

(四)递归神经网络 RNN 与长短期记忆网络 LSTM

人类对世界的理解很大程度上基于脑海中已有的信息与认知,以阅读文章或观看电影为例,上下文对内容的理解非常关键。受此启发,研究者们对传统神经网络进行了结构改进,添加了循环递归模块用于信息的保持与传递,这就是递归神经网络(Recurrent Neural Network,RNN)。

基于 RNN 的展开式网络结构,可以利用前向传播算法(FP)依次按照时间顺序计算输入输出,然后利用反向传播算法(BP)将累积残差从最后一个时间步骤传递回前面的步骤。这样的方法在处理"长期依赖关系"时,后面的时间节点对前面时间节点的感知能力会下降,出现"梯度消失"的问题。

长短期记忆网络(LSTM)是一种特殊的 RNN,由 Hochreiter 和 Schmidhuber 在 20 世纪 90 年代提出,之后很多研究者进行了诸多改进。LSTM 引入了新机制,对"记忆模块"进行改进,使其能够有效学习长期依赖关系。

三、深度学习技术及其在医疗领域中的应用

目前,深度学习技术已在图像识别、语音识别、自然语音处理等方面有了十分成功的应用,但在医疗领域与深度学习结合的研究较少,商业化应用的项目更是屈指可数。许多科技公司正在尝试通过深度学习技术,进行医学影像分析、疾病诊断等工作,从而降低医生的工作强度,提高工作效率,弥补医疗资源不足[14]。

人工神经网络是从信息处理的角度对大脑神经元网络进行建模。人工神经网络一般由数据输入层、隐含层以及结果输出层 3 个部分构成。

(一)医学影像分析

在现代医疗活动中,医学影像分析是不可或缺的一个环节,在传统的人工影像识别中,医生常常会由于疲劳而降低工作效率,一些新手医生也可能因为经验不足而出现识别误差。通过深度学习技术,可以有效地解决上述问题,提高影像判读的准确性。目前,深度学习在医学影像分析方面已经有许多成功的应用,如肺癌、肺结节检测、皮肤癌检测、视网膜病变检测等。Airdoc 的研究者与眼科专家合作,从大量眼病患者的眼底照片中训练深度神经网络模型,该模型可以检测糖尿病视网膜病变的严重程度,通过与医生的判读对比,模型的准确性能够达到三甲医院资深眼科医生的水平[15]。该模型的建立对眼科专家不足的地域和广大基层医疗机构开展筛查具有十分重要的现实意义。目前,病理医生在诊断癌变细胞时的主要方法是活组织切片检查法,这种方法操作复杂且耗时,对于一些细小的组织,用肉眼进行观察判读的难度很大,因此需要开发一种机器判读的方法来提高判读的准确率。IBM 公司研究人员用深度学习的方法识别组织样本的特性,对肿瘤扩散情况进行评估,取得了堪比人类专家的识别准确率。

(二)疾病诊断

深度学习技术不仅可以在医疗影像识别中发挥作用,还可以对疾病进行智能诊断。IBM 的 Watson 问世,Watson 在 4 年多的时间里学习了大量肿

瘤领域的教科书和医学期刊等各类文献,之后 Watson 被应用在临床上,在癌症的诊断及治疗方面向肿瘤医生提出癌症诊疗建议。在癌症诊疗方面,英伟达的研究人员与美国国家癌症研究所等单位合作开发了一套辅助癌症研究的人工智能系统。该系统利用深度学习技术,从之前大量的诊疗数据中探寻癌症治疗的规律与模式以及肿瘤扩散的原因,能够为癌症患者推荐最合适的治疗方案。由斯坦福大学的客座教授吴恩达(Andrew Ng)领导的研究团队,展示了一个深度学习模型可以从一个心电图(ECG)鉴别心脏心律失常,该方法可以对潜在的致死性心律不齐做出比心脏医生更加可靠的诊断。对于一些医疗水平较低的地区来说,这种自动化的方法可以提高该地区的心脏疾病诊断水平。在全球范围内,癌症的种类成百上千,每一种癌症的发病原因各不相同,因此,选择合适的治疗方案是目前癌症治疗领域面临的难题。

(三)其他

除了在以上领域的应用,深度学习还可以提高医学数据收集和处理的效率,提高预测基因的准确率与效率,预测基因表达等。在传统的药物研发中,存在着研发周期长、成本高、过程复杂等问题,通过深度学习系统,可以缩短药物的研发周期,降低研发成本,简化过程,提高药物研发的效率,使得更多的药物得以发现。同时,深度学习技术已经被应用在移动医疗中,它可以通过传感器实时监控病人的健康情况,并向病人提供可行的治疗计划。虽然深度学习在医疗领域的前景广阔,但仍存在一些尚未解决的问题,比如系统学习时数据的准确性无法得到保证,由于病人和医生对深度学习不理解而产生的不信任,还有基于人文观念地对深度学习的不接受等。

第五章 人工智能与艺术设计

随着科技的飞速发展,"人工智能"一词慢慢被人们所熟知。人工智能通过理性的分析,将理性的事物公式化,运用科技的巨大力量逐渐改变着世界;另一方面,在艺术设计领域人工智能正在不断地学习人类的感性思维,慢慢进入人类的艺术世界。

第一节 艺术设计

一、艺术设计的概念

艺术设计是一门综合性极强的学科,它涉及社会、文化、经济、市场、科技等诸多方面,其审美标准也随着诸多因素的变化而改变。艺术设计,实际上是设计者自身综合素质(如表现能力、感知能力、想象能力)的体现。

艺术来源于生活,反过来又作用于生活。艺术设计不但具有审美功能,还具有实用功能。换句话说,艺术设计首先是为人服务的(大到空间环境,小到衣食住行),是人类社会发展过程中物质功能与精神功能的完整结合,是现代化社会发展进程中的必然产物。

艺术设计具备独立性和综合性。各个专业虽然对设计知识的着重面不尽相同,但对于"大设计"概念的关于美、节律、均衡、韵律等的要求是一样的。不论是平面的还是立体的设计,首先要面对的是对所设计对象的理解——对设计对象相关的背景文化、地理、历史、人文知识的理解。

艺术设计还具备思想性和行动性。艺术设计是艺术家把自己的灵感、经验和感觉通过艺术作品的媒介表达出来并且与大众交流的一个过程。艺术创作有三个动机要素,包括对事物的认识、目标意图和欲望冲动。

二、艺术设计的相关要素

艺术设计最大的特点就是服务性。艺术设计的第一动机不是表达，而是对生活方式的一种创造性的改造，是为了给人类提供一种新的生活的可能，不论是在商业活动中信息传达的应用，还是日常生活中行为方式的应用，艺术设计就是让人类获得各种更有价值、更有品质的生存形式，让生活更加简单、舒适、自然、有效率，这是艺术设计的终极目的。艺术设计最终的体现是优秀的产品，这个体现我们从乔布斯和苹果的产品中可以完全感受得到。苹果的设计改变了现代人的行为方式，乔布斯的设计梦想就是改变世界，他以服务消费者为目的，用颠覆性、开拓性的设计活动来实现这一目标。好的艺术设计产品能改变世界，好的艺术品能触动世界，两者是不同的。

其次，艺术设计的特点就是科学性和合理性。艺术设计的实现手段是理性的，这和艺术品的实现是有区别的，你可以光凭艺术灵感的爆发创作出震撼的艺术品，但你绝不可能光凭借灵感去创造出一个好的产品。一个好的产品不是设计者的纯自我的表达，是有严谨的科学精神在里面的，是一个合理统筹的有目的的活动，要把自己的观点和观念通过科学的调查、合理的流程规划一步步地完善。中间会经过各种科学的实验，会有各种数据的考量，会有设计师在艺术追求与实际生活需求的各种妥协，艺术设计产品没有绝对的艺术理想的纯粹性，它最终要以人为本，用体验去征服人们。

艺术设计还是一个综合性的设计活动。任何艺术设计都不是一个或两个学科能够完成的，其实现阶段是一个工业化的过程。纸上的创意只是一个概念的产生过程，一旦要去制作，那就需要各种其他学科理论和技术的支持，靠一个人来完成几乎是不可能的，但是艺术品的创作往往是一个人的事情，人多了反而会阻碍艺术观点的表达。各种材料的研究、电脑技术的应用、数据的整理、工业化的生产以及产品的销售等，都是艺术设计不能绕开的问题，这是个庞大的工程，不是一个人光凭激情就能做到的事，艺术设计师不但要有艺术设计的才能，更要有合作的精神，还要有合理统筹整个流程的能力。

艺术设计的特点决定艺术设计者不但是个艺术家还要是个思想家，更要是个行动家。

优秀的艺术启发人,优秀的设计激励人;优秀的艺术需要诠释,优秀的设计需要领会;优秀的艺术是一种品味,优秀的设计是一种观点;优秀的艺术是一种天赋,优秀的设计是一种能力;优秀的艺术向众人传递着不同的信息,优秀的设计向众人传递着相同的信息。

(一)好的艺术来源于灵感,而好的设计来源于动机

或许两者最大的差别就在于其创作的目的。原则上来说,艺术创作的流程是从无到有,从一张空白的画布开始,艺术家将自己的观点或感受表达在作品创作上。他们希望通过与他人分享感受,令观赏者获得共鸣和启示。

(二)好的艺术在于诠释,好的设计在于理解

虽然艺术家的理念是将一个观点或情感予以表露,但并不仅限于此。艺术通过各种方式和人们联系在一起,因为艺术创作的诠释方式与众不同。商业设计,则完全不同。作为商业化的设计原则,是准确地向受众传递信息,并促使受众采取相应行动。你的网站设计传达给用户的信息和你设想的不一致,那么这和设计的最初需求是不相符的。设计师的作品不仅仅在于视觉享受,更需要让作品中所传达的信息准确地被受众理解和接受。

(三)好的艺术是一种天赋,好的设计是一种技巧

一个艺术家通常都是需要天赋的。当然,从最开始的时候,艺术家都要学习绘画、不断创作来发展自己的艺术特长。但是,艺术家最本质的价值在于其与生俱来的天赋。可以这么说,好的艺术家一定具有设计技巧,但拥有好的设计技巧却不一定能够成为艺术家。

三、艺术设计涉及的内容、方法

设计是一种态度,它决定了作为设计师的创造力和学习能力。一个优秀的设计师,他们的设计不论是从整体和细节上都有自己的权衡。甚至是一个点,他都会去寻找尽可能多的位置来供自己挑选。而在这不断挑选的过程中也积累了自己的设计经验,虽然看着简单,可在以后的设计过程中,这些细节上的积累可以让他节省时间。

设计是一种思维到具象的表达方式,它只是为了实现思维的具象而存在的手段,简单的几个字可以体现你的思想,或者一堆图片加上几个色块也同样可以表达出你的思想。而设计能力的提高只是让我们多了几种表达方式,然后再找出自己习惯的表达方式,进而开始完善自己习惯的方式。设计就是创新,设计就是追求新的可能,设计的东西有让人耳目一新的感觉,能让人产生共鸣。

设计与市场是紧密联系的。广告设计的任务在于传递商品信息,达到说服消费者购买商品的目的。而广告创意的内涵与艺术创意的传神是绝对不相同的,广告创意不是客观对象的艺术再现,不是作者主观情感的视觉化,而是对事物理解后的表现,创造一个求新、求奇、求异,能真实、准确传播的信息,传达商品内容的图形视觉语言的图像艺术。塑造的目标是消费者个性,心理活动的意境,创造一个鲜见、奇特、极有意趣的图形,引起购买者的兴趣,使商品在消费者心中留下深刻的印象,建立一种消费观念。

设计本意就是用聪明的方法,创造出新的理念。在决定专案前,会先思考它将会是什么样子。确定专案后,为了传达这些理念,我们需要把它转为一种刺激又先进的视觉语言——影像,发人深省,声音震撼且超脱尘俗,而程式则令人赞赏不已。

设计的首要目标是立即引起使用者的兴趣,达到视觉上的刺激并引爆重要的行销资讯。这一种资讯设计成为我们的第二本能。

艺术无界限,因为艺术门类之间存在着很多共性的东西。触类旁通也是学习设计艺术的重要方法之一。音乐、书法、文学等艺术门类的介入,对设计创意很有帮助,其最显著的影响是增强了人的感觉力,扩大了人的感觉范围。原来可能只是对设计本身的专业感知,但如今却像多装了几根弦,使我们能在更宽广的艺术思维领域对设计产生共鸣。设计需要有创意,有想象力。作为一个设计者,了解的知识范围要广,不只要了解设计的历史,对其他方面的知识也应有所学习。多看书,多积累,对自己的创作会有帮助,同时可以激发自己的设计灵感。

艺术设计风格的形成,是不同的时代思潮和地区特点,通过创作构思和表现,逐渐发展成为具有代表性的艺术设计形式。一种典型风格的形式,通常和当地的人文因素和自然条件密切相关,同时又需有创作中的构思和造型的特点。风格虽然表现于形式,但风格具有艺术、文化、社会发展等深刻的内涵;从这一深层含义来说,风格又不等同于形式。

艺术设计的风格主要可分为传统风格、现代风格、混合型风格。

(一)传统风格

传统风格是指具有历史文化特色的风格。一般相对现代风格而言,强调历史文化的传承,人文特色的延续。传统风格即一般常说的中式风格、欧式风格、伊斯兰风格、地中海风格等。同一种传统风格在不同的时期、不同的地区,其特点也不完全相同。如欧式风格也分为哥特、巴洛克、古典主义、法国巴洛克、英国巴洛克等风格。

(二)现代风格

现代风格即现代主义风格。现代风格起源于 20 世纪初成立的包豪斯(Bauhaus)学派,强调突破旧传统,创造新建筑,重视功能和空间组织,注意发挥结构构成本身的形式美,造型简洁,反对多余装饰,崇尚合理的构成工艺,尊重材料的性能,讲究材料自身的质地和色彩的配置效果,发展了非传统的以功能布局为依据的不对称的构图手法。重视实际的工艺制作操作,强调设计与工业生产的联系。

(三)混合型风格

艺术设计是融合了技术、艺术、经济、文化等多种学科的综合学科。随着我国社会发展,经济文化水平提高,物质生活条件改善,人们对产品和环境的审美需求也逐步提高,产品(环境)除提供实用功能之外,还应美观大方,适合人的生理和心理特点,并具有强烈的时代感和一定的文化品位。这既是人们的普遍需要,也成为企业提高市场竞争力的迫切要求。混合型风格是将科学、艺术、技术交叉融合的风格,既趋于现代实用,又吸取传统的特征,在设计中不拘一格,呈现多元化、兼容并蓄、匠心独具的特点。

四、艺术设计的行为理解

设计是一种跳跃性或者是逻辑性思维的某种冲动,是大脑对思维的一种具象化,而这就是我们通常所说的创意。因为这种思维的方式,通过具体的表达成为创意,构造出具象的事物,从而达到同化观赏者的思维或者说唤醒观赏者共鸣的目的。

　　一幅成功有创意的广告,新奇的构思、浓缩的个性表现是设计师必先考虑的问题。除了有新奇的构思、浓缩的个性化表现之外,还要根据消费者心理需求和接受的程度,以及消费者的层次来决定图形的表现手法。手法有写实的、对比的、悬念的、连续的、寓意的、夸张的,等等。不论什么手法,图形必须要新奇、典型、易懂、易读、易记。设计作为造物的艺术,功能和形式必然是合二为一的。没有功能的形式设计是累赘的装饰品,而没有形式的功能设计是见不得人的粗陋物什。

　　设计不同于艺术,必须要体现出它的实用性,在使用中体现设计的价值。使用过程中令使用者感受到设计的精巧而产生愉悦感,同时将这种愉悦感升华为一种审美意象,伴随着对形式美,附加价值的欣赏,从而达到全方位的愉悦。这种全方位的愉悦,才真正体现出设计为人的思想。设计中的审美观应当是把物质与精神,实用与审美综合在一起的,在它们的矛盾中去把握、调整和规范它们之间的关系。所谓创意就是前所未闻和未见的,能充分反映并满足人们某种物质的或情感需要的意念或构想。最基本的要求是求新、求奇、求异、真实、有思想、有计划,以创意的图形加速传播信息,传达商品内容。设计是把某种计划、规划、设想和解决问题的方法,通过视觉语言传达出来的过程。

　　可以看出,设计的核心是一种创造行为,一种解决问题的过程,其区别于兄弟艺术门类的主要特征之一便是独创性,因此我们可以这样认为:设计之美的第一要义就是"新"。设计要求新、求异、求变、求不同,否则设计将不能被称为设计。而这个"新"有着不同的层次,它可以是改良性的,也可以是创造性的。但无论如何,只有新颖的设计才会在大浪淘沙中闪烁出与众不同的光芒,迈出走向成功的第一步。

　　设计之美的第二要义是"合理"。一个设计之所以被称为"设计",是因为它解决了问题。设计不可能独立于社会和市场而存在,符合价值规律是设计存在的直接原因。如果设计师不能为企业带来更多的剩余价值,相信世界上便不会有设计这个行业了。

　　而设计之美的第三要义是"人性"。归根结底,设计是为人而设计的,服务于人们的生活需要是设计的最终目的。自然,设计之美也遵循人类基本的审美意趣。对称、韵律、均衡、节奏、形体、色彩、材质、工艺……凡是我们能够想到的审美法则,似乎都能够在设计中找到相应的应用。

第二节　艺术设计与人工智能的融合

人工智能一词在 20 世纪 50 年代达特茅斯学院举办的一次会议上,由计算机专家约翰·麦卡锡第一次提出,至今已经有长达 60 年的历史。期间经历过两起两落,并且在 2016 年达到第三次高潮。第一款神经网络 Perceptron 的发明,使得业界对于人工智能的关注度骤升,人工智能达到第一次高潮。在此之后长达十余年的时间里,计算机被广泛应用于数学和自然语言领域,用来解决代数、几何和英语问题。这让很多研究学者看到了机器向人工智能发展的信心。20 世纪 70 年代,人工智能面临技术瓶颈,计算机没能使机器完成大规模数据训练和复杂任务,AI 进入第一个低谷。第二次高潮是 BP 算法的提出,这种算法的出现使得大规模神经网络的训练成为可能。因为现实任务中所使用的神经网络,只有在使用 BP 算法下才能进行训练。BP 算法由 BP 神经网络中的输入层、输出层和若干个隐层构成。输入信号经输入层输入,通过隐层计算由输出层输出,输出值与标记值比较,若有误差,将误差反向由输出层向输入层传播,在这个过程中,利用梯度下降算法对神经元权值进行调整。自从 AlphaGo 赢了人类世界的围棋冠军,社会上对人工智能技术的关注热度日渐提升。在人类理性工作领域,人工智能正在颠覆性地改变着许多行业,很多机械化的工作已经被人工智能取代。另一方面,人工智能也正在进入人类的感性艺术领域,努力将艺术公式化(规范化),人工智能产品通过深度学习艺术家的笔触,依据一定的逻辑算法创造艺术作品,再次让经典艺术家"复活",以此陶冶人类的情操。未来,机器可以代替人类完成很多事情,很多可以被公式化的人类职业都可以被人工智能取代,人类从脑力以及体力方面都可以最大化地被解放出来。通过探讨人工智能在数字化时代中的应用,可进一步分析探讨人工智能与艺术设计之间的关系。

一、艺术设计理念的改变

随着移动终端的普及、移动互联网技术的增强,以及虚拟现实、大数据、云计算、人工智能的不断发展,数字移动媒体的视觉媒介正在向即时的、互动的、超文本衔接的传播形态发展。信息从发布到接收再到反馈,都呈现出交互式、全球化的新传播特征,新媒体应运而生。在新媒体影响下的艺术设计已发生了颠覆性的变化,以纸媒为主的海报、包装设计扩展到以网络、移动通信、LED 等多维平台为载体的网页设计、UI 设计等。新媒体融合了数字技术、信息技术与设计艺术,为艺术设计的创新注入了更多的灵感与活力,使艺术设计的视觉语言更加丰富,手段更加多元化,表现形式也从二维向三维、四维交互装置设计方向发展。"读图时代""视频时代"已经真正到来,这为艺术设计带来了更多的机遇和挑战,新媒体也广泛应用于艺术设计领域[16]。

　　艺术设计是通过作品传递视觉信号,达到传递信息目的的一种艺术表现形式。从工业化社会到信息化社会,现代艺术设计的形态、范围与空间不断拓展,每一次技术与媒体的变革都赋予其新的活力与内涵,是人类走向文明的标志之一。最早的艺术设计从文字书写与排版开始,19 世纪印刷技术变革引发欧洲工艺美术运动,现代设计由此诞生。20 世纪初,摄影技术发展为设计提供了更多的表现手段,电视和计算机的出现极大地扩展了视觉艺术领域,为艺术设计带来了更多的平台和展示空间。

　　20 世纪后期,计算机图形图像技术突飞猛进,设计类软件日趋成熟,Photoshop、Corel Draw 等软件普遍应用于设计行业,设计师不再受时间、空间、材质的限制,利用计算机即可快速进行设计和修改。韩国知名设计师安尚秀提出,要将传统的艺术设计和现代设计整合,从艺术设计本质出发,把艺术设计称为"视觉传达设计"。视觉传达是通过可视形式传播特定事物的主动行为,大部分或者部分依赖视觉,并以标识、排版、绘画、艺术设计、插画、色彩及电子设备等进行二度空间的影像表现。在经济与广告业繁荣发展的 21 世纪前后,我国的视觉传达设计大多以二维设计为主。随着数字新媒介的产生和快速蔓延,新媒体艺术更加注重设计的内涵和立体、交互式的互动体验。无论是专业设计人员还是终端受众,在视觉传达设计的过程中都存在一个现象,即传播、教育、说服观众的影像伴随文字具有更大的影响力。进入 21 世纪后,IT 产业迅猛发展,计算机硬件、软件不断更新换代,为艺术设计软件的开发与升级提供了更多可能性,容易操作的设计软件开始被普通人使用。如今,几乎每个人的手机中都安装美图秀秀、天天 P 图、易企秀等图形图像处理 App,可以随时随地对图形图像进行编辑和设计。艺术设计不再是设计师的事,它几乎成为人们生活中不可或缺的内容。由此可见,社会、科技发展的每一次变革都改变着传统艺术设计的形态和表现形式。

即时通信技术的发展,让微信、微博等工具类媒体出现,相应的排版、图文制作、摄影、摄像等 App 不断涌现,艺术设计制作变得更加简单、易操作。视频 3D 技术的成熟,VR、AR 等虚拟现实技术的不断发展,让原本平面的视觉语言通过一定的方式转变为全景立体的画面,观看体验更加震撼。可以说,艺术设计从平面化向全视觉发展,跨入了一个崭新的阶段。

艺术设计是以某种目的为先导,运用符号、文字、图案、色彩、排版等专业技巧将其巧妙融合,将作者的思想以图片或图像等可视的艺术形式表现,传达一些特定的信息给被传达对象,并以对被传达对象产生影响为目的。在新媒体时代,飞速的网络传播打破了原有静止式、被动式的等待阅读方式,设计师要更加主动地将信息分享给受众。例如,一个产品希望得到更好的宣传和推广,从品牌标志、产品外观、宣传海报到展示网站、微信版式等都需要艺术设计来展现。

艺术设计是 IT 技术、生产工艺和艺术创意相结合的综合体现,设计作品的创意形象、色彩搭配、版式排列,甚至使用的不同材质,都可以通过视觉对观看者的心理产生触动。一个优秀的商业广告设计可以通过创意突出产品特性,反映产品内在的质量和品质;一个具有创意的公益海报可以传达良好的生活理念或政治思想;同样,一个好的互动设计可以增强受众的直观感受,提高参与度,使其对作者要表达的内容有更深入的了解,引导其作出消费或者行为选择。人们购买一种产品或者认同一种理念,是对诸多影像、文字的一系列认知与感受的结果。例如,人们要选择一种商品或者服务,往往希望物美价廉,而"物美"是通过商品或者服务的品质、外观设计展现出来的。消费者通过艺术设计的载体认知、了解产品,从而产生信任,最终支配购买行为。所以说艺术设计是为商业社会服务的,整个过程也是艺术设计的商业价值所在。在创作手段和表现形式上,艺术设计不断与新技术融合。互动式设计、动态式海报、翻阅式文本等手机移动终端上的新媒体应用已经很好地结合到艺术设计中;静态的纸质海报被电子屏广告牌、车载电视、平板电脑、手机屏幕等载体所取代;地铁、公交车上随时可见的传播载体已成为乘客路途中的消遣;商场外平面的巨型喷绘在移动电视里不断重复播出,或是在手机屏幕上反复出现。当人们通过不同的手机 App 第一时间获取资讯,随时随地接收图片、视频等信息时,远比传统的报纸、杂志更加方便、快捷。在其他领域的宣传展示空间里,很多学者、专家、教师以及企业高管在讲座、授课、业界宣传时应用大量新媒体形式的 App 软件,在资料收集处理、人员管理、PPT 制作过程中,由多种软件生成的信息量巨大的界面令人眼花缭乱、目不暇接,慕课、微课、翻转课堂的兴起无不显示出新媒体在众多领域的广泛应用。设计师不仅要考量文字、图形、色彩等基本元素,还要设计视频、音频以及触碰 UI 等互动元素。另外,设计师还要针对用户浏览习惯,考虑第一屏和第二屏的递进关系。例如,目前以 UI 界面设计为主要运行形式的平板电脑、在线商务、游戏产品以及其他触屏移动技术产品,主要由用户需求调研、交互设计、界面设计三个部分组成,通过处理成千上万、色彩纷呈的各种信息,完成一个复杂的、由不同学科参与的工程,其间还需要将认知心理学、设计美学、设计手段相融合,最终实现软件产品视觉效果的艺术化。在数字化时代,探索城市智慧生活方式的设计,不能离开对人工智能与设计创新之间关系的研究。近年来,人工智能逐渐深入人们的生活,从语音识别、翻译机器人,到无人驾驶汽车、无人机,人工智能技术正在广泛地被应用到生活中。在设计领域,设计师们越来越关注人工智能对整个行业带来的机遇和挑战,人工智能是否会彻底抢走设计师的工作? 世界经济论坛宣称:"数十亿人被移动设备连接着。我们有着前所未有的处理速度、储存空间和知识共享能力,这些数据有无限可能。"美国特斯拉公司 CEO 埃隆·马斯克提出警告:"毁灭开关无力阻止决意攻占世界的人工智能。"从智性设计、智能设计、美学角度思考艺术设计的不断发展,同时提出在加强对人类社会生活需求进行深入研究的基础上,进行设计创新。

二、艺术设计的人工智能技术的融合

人工智能已经无处不在,人工智能市场规模将超过 1 530 亿美元。美国莱斯大学计算机科学教授摩西·瓦迪断言:"未来 30 年,人工智能将取代目前世界上 50% 的工作。"设计教育的改革和转型,需要更新教育的观念、内容和模式方法。人工智能在辅助设计和艺术设计教育中的创新型应用究竟能有多少?学习艺术的人不知道,学习技术的人更加说不清楚,只有通过渐进式的使用创新,才能在一定程度上带来适合艺术设计创新的设计教育资源以及艺术设计创新思维。

人工智能在全球数字化进程迅速发展背景下,两者的融合正在迅速地重构艺术设计的领域、设计手段和艺术表现形式,人们将这种数字媒体设计的又一次升级简称为"数智艺术"。人工智能技术是兼具环境感知、记忆、推理、学习能力的智能系统,在设计领域中,计算机辅助设计(CAD)正在向人工智能辅助设计(AI Design)的方向发展。可是在人工智能取代基础美工进行设计的同时,《第一哲学沉思集》中提道:"人们也发现机器对于美的理解和判断,并不是单纯靠计算机语言来实现的。"设计师成为"训机师"来培养计算机的美感,从而使计算机能够在设计和学习的过程中逐渐产生一种类人类的智慧,能够对于设计美学产生理解和思考,进而反映在设计作品中。在数字化进程中,智性设计、智能设计满足了新一代消费主力的新型消费观念,对量化、规模化生产所带来的"消费观",从过去的实用主义观念上升到了个人主义和享乐主义的消费观。从现象层面上看,美学思考提倡的高度个性化、定制化的消费观,人们正在回归"审美泛化"的文化潮流。从美学的角度去审视智慧生活中艺术和生活的界限,可以促使艺术与科技、艺术与生活更好地结合,让美自然存在于数字化都市的生活中,也是一种设计的智慧。

发展人工智能的目的是更好地服务于人自身,艺术和设计正是从人的情感的体验角度出发。艺术强调人的主观概念的表达,人工智能应用的未来,更多地要思考人的需求以及在不同的生活环境中需求的改变。从目前人工智能的应用场景来看,应用人工智能去解决确定边界的事情,人一定会输给机器。但是需要依靠感性决策作判断时,应用人工智能以大数据为基础进行的逻辑推理往往是靠不住的。就目前可见的未来而言,人工智能只能提供技术,优秀作品的出现,一定是当时的时代有新的技术或者手段出现。达·芬奇的作品为什么这么成功?因为当时他运用了新的颜料、新的绘画技法、新的工具。人工智能可以帮助我们进行创作吗?对于艺术来说,强调的是人的主观概念的表达。齐白石曾经说过,"似则俗,不似则非",艺术是没有界限的,所以这部分,人工智能技术永远没有办法取代人类来完成。数智艺术设计的关键还是在于应用人工智能技术来引入新的手段和媒介,以此丰富人们的艺术设计方法,数字艺术与人工智能结合的核心还是取决于人的价值观。

随着人工智能技术的迅速发展,停留在传统设计领域的设计师岗位将会逐渐被机器所替代。但是,艺术设计也并不是所有的工作都被机器所取代,那些注重创意的内容将仍然是机器无法做到的。艺术家与设计师需要更多地思考艺术与设计中无形的东西,创意和创造力将会成为设计师最核心的竞争力。人工智能背后强大的计算能力,可以帮助设计师更好地利用历史数据研究人的需求,通过设计帮助人解决问题,使用数据去辅助设计思考。

随着数字时代的来临,人们生活在一个复杂的环境中,有越来越多的物质需求和精神需求。社会带来很多的资讯,这些信息将人们推到了一个被动的角度去接受新的技术、新的产品、新的数字生活。思考数字设计中的美学和智慧,需要重新站在自己的角度去看待这个时代,感受这个时代的生活。人工智能可以为人类带来什么?不仅是设计越来越多的产品让城市生活更加高速和快捷,更是让人类可以用创新思维和情感思维去重新理解自己对于生活的终极需求,从而设计出更符合人类需求的艺术品或者产品。

三、艺术设计的理性与非理性行为

正确的逻辑思维是一切设计的起点,思维和逻辑是人们在专业领域披荆斩棘的法宝,在创意里也是一样。当我们在学习设计的基础知识时,也可以说是培养设计的思维,其中的逻辑思维是指人们从感性认识上升到理性认识的变化,它是以概念、推理、逻辑分析等方式为基础的,是对客观现实的认识变化进行能动的体现。将人的认知能力、推导能力充分地发挥出来,使创意得以产生,使思维变得更加严谨、有序,并且富有一定的逻辑性。一般在创意设计中,思维具有感性和理性的特征,逻辑思维是实现设计师创意的有效途径。

大多数没能成功的设计基本上都是在主要问题点上没有进行很好的处理,这也正是由于设计者的逻辑思维不合理,对事件看得不透彻,使重点没有突出出来,使得设计效果不理想。在创意设计中,逻辑思维能力是非常关键的。创意设计的主要工作就是为了使人们的某种物质需求得以满足,而且在满足需求的过程中使人们在情感和审美上的需求得到满足。艺术设计的动力主要来自创意这一思维形式,只有科学的、合理的思维方式才能使创意性思维得以有效地进行。在设计思维过程中,也时常有一些问题,比如传统思想、观念等,会对设计创新产生一定的影响。这时,我们可以采取逻辑思维的方法,对问题进行分析、推理,最终使结论形成。

(一)设计的前提就是对问题进行分析

例如图案中的写生,倘若不能将对象的特点和典型动态掌握,就进行分析和总结,是没有办法将事物的本质特点和突出特点抓住的,不是毫无章法,就是单一枯燥。在一个设计作品中,整体与局部之间,局部与局部之间都是不断变化的,而且有一定的规律性。形象、线条以及空间等,在视觉上都要有一定的比例,既不可以靠得太近,也不可以太过分离,即使不像数学学科那么严谨,也要在视觉和心理上达到一定的要求。所以,在视觉上对于图形、色彩的分析,必须利用大脑对其进行选择,才能将艺术设计的核心内容掌握。

(二)逻辑思维方法的第二个阶段就是对问题进行研究

设计想法不会只进行一次就能将构思实现,它必须在经过详细分析之后,还必须进行研究和探索,将各类知识综合在一起进行考虑,将这一过程中的不合理因素消除,使其能够不断地改进和优化。在设计图案的过程中,写生的变化也是初步准备中的一项,还没有升级到抽象的范围内,只有不断地进行分析,才能对客观事物进行不断地总结,将艺术审美中的组成要点、元素等筛选出来,使自然形态逐渐向抽象形态转变。

我们经常在侦探小说中看到推理这个名词,这一名词在创意设计中也同样可以使用。通过一个斑点可以将豹推断出来,就是一个明显的推理过程。古人在打仗的时候,身上穿的盔甲就包括一定的数学逻辑,艺术工作者对其进行体现时,是不会将所有的尺寸比例提前计算出来的,通常都是结合它的局部特点,对其进行大致的预测,将整体的感觉表达出来。同样的,无论哪个设计人员都不会对老虎、长颈鹿身上的花纹仔细地数,都是通过推测的方式对其进行描绘,运用合理的推断可以帮助设计人员对事物的规律尽快地查找出来。

(三)判断也就是取舍和选择

在设计人员的脑海中,我们所生活的环境中形象是处处存在的,形象虽然很多,但不是所有的形象都可以被描绘,只有在其审美要求的基础上才能进行分析。例如,运用在图案的构成上,大多数都是以格律体来进行的,很多都是以九宫格、圆等形式来对图案进行创作的。还有一种其他的方式就是,绘画中的形象不完全是按照格律体的框架来进行的,然而画面的边缘必须与选定的形状相符合。怎样进行绘画,则要求设计人员要与装饰的需求、制作的要点等结合在一起进行考虑,从而作出合理的推断,使创作出的作品成为最佳作品。总而言之,将逻辑思维运用在创意设计中的好处是非常多的。

在思维领域中,逻辑思维就是由逻辑因素所发挥的一个主要影响。这种思维的特点是推理,它与想象和联想是完全不一样的,与音乐和美术所展示的形象表达也是完全不一样的,虽然音乐和美术内部也存在着一定的逻辑因素,然而它们是以形象因素为主要内容的。推理一方面可以使人们获得知识,这些知识通常不是由经验直接总结出的,另一方面还能使人获得其他的知识,这些知识是人不能直接用感觉和知觉得到的,所以,它属于理性的思维方式,必然的结果就是由确定的前提而来,虽然它的形式有很多种,然而其"必然地得出"只有这一种。逻辑思维运用在创意设计中时,主要体现在推理方面,它不同于联想、想象,也不同于形象的表达。在实施艺术设计前,必然会由于一些目标、需求的约束,去分析和理解一些相关的因素,在分析的过程中必然会利用逻辑思维方法,使得在创造产品的过程中,将这些需求、目标充分地表现出来。在这时,创意设计的第一步就是要明确设计的前提,其实设计就是一个过程,有过设计经历的人都会懂得这个过程。从最初不经意间的灵感涌现,接着在实施过程中遇到各种各样的问题,然后耐心地去一步一步解决,把环境中的不利条件通过设计的手段变成有利条件。而实际上,因为在传统逻辑中,它没有将逻辑和心理学的研究对象区分开来,使得逻辑是对推理进行研究的,而且逻辑是研究推理的一种主要方法,这一说法看起来更加科学。逻辑自身有其内在的本质特点,也就是"必然地得出"。亚里士多德在其著作中曾说过,推理就是对事物进行证明,一部分会被认定为条件,其他部分就会自然而然地产生。在现代逻辑理念中,对传统的逻辑理念进行了彻底的转变,使得逻辑有了两个特点,一是其语言是构造形式的,二是将演算系统建立起来。所以,逻辑这种科学方法是有规律可言的,同时也是非常严谨的。其次,思维的重点属于心理范围,思维也是心理过程,将感觉、思想等内在因素体现出来。思维的种类很多,从表述的层面上来看,可以分为三种,就是形象、技术和逻辑思维;从认识层面上来看,分为四种,就是抽象、形象、知觉和灵感思维;从哲学层面上来看,分为两种,就是具体和抽象思维;除了这些,还有其他一些思维,比如单一和系统思维等。

对于创意设计来说,逻辑思维的运用是很关键的。进行逻辑思维时,是利用推理"必然地得出"总结。就像上述分析的结果一样,创意设计的目的性是很强的,它最终的目标就是让"必然地得出"在生产、消费等各环节中进行应用,使需求得以满足,使复合价值充分体现出来。设计师在进行创意设计时会将其丰富的想象力充分发挥出来,这个过程与逻辑思维的引导是分不开的。设计是有一定前提条件的,它有一定的目的性。所以,逻辑思维自身的单一性,使得其在思维过程中成为不可或缺的设计主题。设计就是要给受众传递一些信息,逻辑思维指向就是确定这些信息,设计的过程和内容都必须以这些信息为基础,使想象力和创造力充分发挥出来。所以,在设计领域引入逻辑思维,它就会变成一种实用的方法,能够有效地对艺术设计进行指导,利用这一方式能够使设计作品与环境和人之间建立起一种和谐的关系。

创意思维是认识物质世界和改造世界的原动力,在艺术设计中通过创意思维改变视觉艺术的存在和呈现形式,以达到人类自身在生理上和心理上的需求。艺术创意的表达方式是多样的,不仅依靠创意者自身知识和实践经验的积累,还要掌握不同的创意方法。就艺术思维呈现的方式来看,艺术作品的创新需要理性的逻辑思维,也需要感性的形象思维以及灵感。艺术作品的呈现不仅表现在作品的呈现形式上,还表现在作品的呈现过程中。有些作品的创作并不是依靠理性的思维才能创造出来,人类思维的变化具有天然的偶然性和未可知性,这就为人类提供了更大更有可能性的创造新事物的空间。视觉造型中的方法也会随着科学技术的发展而产生新的方法,特别是现代软件编程、数据库计算的产生,可以让我们随心所欲地制造我们想要的造型形象,或者让我们的创意超越我们的想象,如我们可以用视觉形象表示音乐、语言、心脏的跳动、股票的动向等。在图形图像的软件运用中,往往采用固定的或者是产生变量的程序算法来实现形象创意的设计。这种造型可以是矢量的图形,也可以是动态的图像,有的是逼真的模型,有的是虚拟的现实。创意本身就是对传统的反叛,随着社会的发展,视觉形象设计的创意将会有更多的切入点,视觉形态设计的创意必将有新的发展。

第三节　人工智能完成艺术设计的创作

逻辑思维又被叫作抽象思维,是一种最高级别的思维方式。它的特点主要以抽象概念、推断为主,它的基本过程主要有分析、判断和概括等,能够对事物的本质特征和规律性进行反映。抽象思维与动作思维之间是完全不同的,与形象思维之间也有着很大的差异,它不再依赖感性材料。一般来说,抽象思维有两种形式,一是经验型,二是理论型。第一种类型是以实践为前提的,以实际经验为基础而进行推理和预测,例如在生产过程中工人解决问题的经验,就是这种类型的思维。第二种方式是以理论为前提的,进行推理和预测时将概念、原理等应用其中。科学家和学者的思维大多数都属于这种方式。经验型的思维因为会受到经验的约束,使得抽象水平不高。逻辑思维与形象思维的关系提到理性和感性两个词时,大多数人就会不自觉地将"感性认识"和"理性认识"联系在一起,前者是认识的最初时期,后者是认识的升级。前者是后者的基础,后者是前者的必然发展,前者必须逐渐地向后者进行转变。确实,从认识事物的过程层面来讲,认识需要进行很多的重复才能发展到最终阶段。对艺术设计的认识过程也必须要有这一过程。即便当前它所包括的内容和形式已经相对成熟。科学的思维方法与纯艺术的思维方法都可以在人工智能方面继续学习。

一、人工智能对艺术设计行为的深度学习

在数字化革命时代,智慧设计可以分为三个部分:智性设计、智能设计、美学思考。"智性"等于"理智""悟性"和"知性"吗?德国哲学家伊曼努尔·康德在《纯粹理性批判》中给出了答案:"先验感性论"强调了纯粹数学成立的必要条件是时间和空间,时空是一种先天直观的对于主体的认识形式。直观是人类的一种感性的接受能力,而不是一种概念。因为人类接受一切的可被感知的对象时,必然都是在空间和时间的形式下。康德的理论与传统理论提出的概念不同的地方在于,他对于智性的解释不再仅限于"天赋观念"和相对应的逻辑推理,他强调了智性同时是一种具备了主观能动性的能力。人工智能的深度学习是"智性"+"直观",将两者联系在一起作为知识的组成部分。智慧设计是人工智能的发展,自然而发的对于精神需求、物质需求的改变,是人工智能的能动性的思考。这三个部分的内容分别从设计思维、设计方法、设计反思的角度对智慧设计进行了划分,三者相互作用、相互影响,推动了人工智能的"智能设计"(Intelligent Design)。将人工智能融入智慧设计,是一种理智加直观的活动。智性设计是一种有意识地去把握并思考具体的理念,智性设计可以说是艺术设计在直观感受和思考人类生活需求,从而将理性与感性联系在一起,作为人工智能的智慧设计的深度学习内核。

现代设计人员的重要辅助工具是现代信息技术,采用计算机模拟人类的思维模式,提高计算机智能水平,使计算机能够更多、更好地承担设计过程中的各种任务。智慧生活方式中的人工智能设计,简单说就是设计一个可以观察周遭环境并做出行动以达到目标的人工系统,以满足人类在个人生活和社会生活中的生活、学习、交流、感知等各项需求。依据智能设计中设计能力的不同,可以将其分为三个层次:

(一)常规设计

依据人的需求、设计的属性、设计流程和策略对人类当下的生活行为进行规划,用数字化的交互手段定义设计需求,通过设计解决生活中的常规需求。

（二）联想设计

通过分析目前生活中已经有的设计案例，采集这些设计的信息和数据，再通过比对大量优质的设计案例，对大多数案例中存在的共性问题，利用大数据的处理方式，从中获得关于设计的隐性数据信息，以此指导设计。这是一种通过借鉴案例和设计数据，实现对常规设计突破的方式。

（三）进化设计

进化设计是通过利用、借鉴和模拟生物界的自然选择规律和自然进化机制，实现高度并行、随机、自适应的搜索算法。智能设计的进一步发展正是依靠了进化设计的方法。而"设计中的人工智能"是针对大规模复杂产品设计的系统。

在大力发展当代计算机科学的背景下，设计者可以借助大量的设计软件将自己的灵感视觉化。相对于传统的艺术创作所耗费长达几个月甚至几年的时间，计算机科学可以帮助设计师快速、高效地完成创作，并且通过模具进行量产。例如，艺术家可以通过计算机建模，利用 3D 打印技术制造出人们所需要的产品；可以利用计算机中大量的色彩素材更加随心所欲地创作作品；也可以通过计算网络中海量的艺术设计资源，激发灵感，扩展艺术思维，把自己的思想与计算机科学有机地结合在一起实现设计创作。在作品呈现方面，随着虚拟现实技术的日渐成熟，通过虚拟环境的体验与交流，有效地传达设计作品所表达的设计理念，艺术家可以利用此项技术更加真实地将作品展现出来，使人们可以身临其境，更加直观地观赏艺术的细节。

二、人工智能对艺术设计的高仿

最近出现了一种新型"艺术滤镜"，能够将著名油画比如凡·高的《星空》或蒙克的《呐喊》的艺术风格"迁移"到照片中。据 Google 的科研人员介绍，这种最新的深度卷积风格迁移网络在学习了多种风格之后可以实现在多种艺术风格间实时平滑迁移，且可应用于静态图像和视频。

莫奈和毕加索两名画家分别用印象派和抽象派的画作颠覆了整个艺术世界，创造出新的美学风格。那么，下一场艺术方面的革新会由谁引领呢？也许会是一台机器。这可不是异想天开，科学家们发明出了会作画的人工智能，其绘画风格自成一体，十分独特，由这个人工智能创作的许多作品，大家看了都不禁竖起大拇指。

人工智能画师，由来自美国罗格斯大学、查尔斯顿学院和加州脸书人工智能研究实验室的科研人员合作研发出这一人工智能系统。这一人工智能画师可以通过观察人类的艺术作品，学习不同的艺术风格，生成更有创造力的作品。

人工智能的作品不仅以假乱真，还以更高的评分胜过了由人类创作的绘画作品。人工智能的学习过程非常依赖"生成式对抗网络"。在这一网络中存在"生成器"和"判别器"两个神经子网络。基于给定的训练集，生成器会创作一个图像，判别器能够区分训练集图像和生成器制作出的仿造图像，对其进行评判。通过两个子网络的算法组合，人工智能可以一次比一次做得更好，得到的结果不断被优化，人工智能的技艺也就在这样的训练中不断精进。

艺术人工智能设计团队对这一"生成式对抗网络"进行了一些修改，克服了历史版本的局限性，创造性地生产出更独特且具有较高审美价值的艺术品，将原有创作算法升级为"创造式对抗网络"。这样，人工智能不仅会"临摹"，更可以在真正意义上利用所学到的东西进行独一无二地创作。

在新的艺术人工智能中，一个生成网络就完成了之前两个子网络的工作，同时，这个生成网络还能够自主创作图像，剩余的工作由判别器网络完成。科学家们选取了 8.15 万幅 15 世纪至 20 世纪著名的绘画作品，供判别器学习。吸收了这些包罗万象的艺术数据后，判别器网络能够分辨出哪些图像具有艺术性，哪些图像没有什么艺术价值，并可以判定图像是否属于已知艺术风格。人工智能可以扭转图片来模仿莫奈等著名绘画大师的风格。而且，还有一些专用程序来完成这项工作。

这样，一步一步，人工智能学到的不是怎样画得像人类的作品，而是怎样丢掉模仿的影子，创作更有大师潜质、更新奇美妙的独特画作。生成器可以创作出一幅又一幅的图画，既符合辨别器的"审美标准"，又与所有现存的艺术风格都大不一样。所以说，人工智能的作品既具有创意，让人眼前一亮，同时也不会太让人难以接受，十分符合大众的艺术审美。

现在，已经开始有人运用人工智能为画廊创作绘画作品，也有人开始尝试用人工智能学习其他绘画风格,创作12分钟的动画电影框架。目前,像这样的创作还十分依赖人类的指导,但是,随着技术的不断进步,人与机器的边界会越来越模糊。

当人工智能可以像人类一样自如创作时,艺术一定会发生翻天覆地的变化,大家都能从中受益。比如,未来人们或许可以通过人工智能为自制的小视频创作配乐,并适当进行剪辑,人人都能当小导演。人工智能将取代一些作家,选取最引人入胜的主题创作小说,赚取你的眼泪和欢笑。或许,人工智能还能承包你的漫画书,由它为你量身定做属于你的漫画剧情。

过去那些需要十年磨一剑的事情,借助人工智能将可以迅速地完成,极大地简化了人类的工作。在人工智能的协助下,也许我们能够腾出更多的精力去创造更多的艺术形式和艺术风格,等我们有了新的发现,再来教给人工智能。智能设计可以通过理性、精确的方式控制和解决现阶段的复杂问题。每次工业生产制造技术升级换代都对设计产生了震动,智能设计也不会例外。从微观层面来看,智能制造对产品设计的设计流程技术实现都将产生影响。它对于工业产品设计的前期调研有更加科学和充分的依据,让设计实现的过程更加理性和精确。智能制造将对设计方法产生重要的影响,这种影响尤其反映在大数据的云计算所带来的设计方案创新和优化方面。宏观地看待设计与智能制造的关系,智能制造对设计的本质和意义有关联。从本质上看,设计与智能制造都是使用有限的资源满足人们越来越多和越来越高的目标。此外,设计所遵循的伦理性和文化身份认同也有重要的价值意义,设计在智能制造的帮助下能够体现文明的适应性。

三、人工智能的艺术设计的创作

对于人类未来的改变,没有任何一种技术或观念如"人工智能"这样受到全球的关注和讨论。几乎所有的学科领域都在谋划如何与人工智能"牵手"以开辟新的疆域。发轫于19世纪中叶的现代艺术设计,一路紧随工业文明和信息文明的步伐,已经习惯于将最新的科技成果转化为设计能量,一次次催生出新的设计内涵和形式。在人工智能的浪潮中,以往设计的范式将面临消解,新的设计范式在悄然建立,在这个过程中,以数字经济为特征的社会环境给设计产业带来的机遇和挑战,势必也将作用于设计教育。

　　对于"人工智能"的讨论,最多的是机器将直接取代人工劳动,进而对行业发展趋势产生巨大影响。如果设计界以创造性劳动自居,认为人工智能对设计创造的影响甚微,难免过于乐观。人工智能完成设计作品的技术路径,与其他劳动或服务一样,都是通过深度学习、大数据、云平台、计算能力来完成的指定工作。当机器学会主题的理解、元素的搜集和处理、形式美法则等设计思维活动,并推演为数字化组合时,机器进行自主设计就成为可能。更何况,人与机器在素材库面前是平等的,而对于比例、数据、组合等信息而言,机器的能力强于普通设计师,人工智能可以高效地调用既有的元素、字体、色彩,按照深度学习形成的数据模型,形成多种可供选择的作品。显而易见,大数据支撑下的海量模型、素材、案例,以及 Adobe 旗下各种设计软件的智能化趋势,将促使人工智能轻松地完成各种类型的设计,如家居设计、标志设计、包装设计等,并达到一定的设计水准。

　　如果设计活动可以交由人工智能完成,当人工智能也能交付一件成熟的作品并满足基本的市场需求,设计行业在人工智能的影响下,将参与更高级别的艺术创造。

　　未来,世界上大部分国家将告别物质匮乏与贫穷饥饿,进入以生物技术支撑的优质生命、精致体验的幸福经济时代。事实上,以工业化和城市化为主要建设内容的时代也渐行渐远,在未来中国经济建设新常态中,城乡统筹、全域旅游、健康中国、养老产业等新兴主题将逐渐成为发展命题的核心。当幸福产业、幸福经济的发展与建设智能社会、智能经济不期而遇时,人工智能不再是被束之高阁的实验室状态,而是以更快的速度融入社会生产与大众生活中,以智慧家居、智慧教育、智慧旅游、智慧交通等模式,影响社会运行和大众消费的方方面面。其中,设计将以全新的姿态进入产业的核心领域,活跃于技术研究与市场应用、理性科技与人文情感、功能与体验、商业与美学等范畴之间,体现于个性化的产品、信息的传递、空间体验、系统整合设计等方向中。

　　与人工智能同行的未来设计,在带给人类文明惊喜的同时,同样也参与到全人类共同问题的解决,形成升级版的社会创新设计。意大利社会创新设计专家埃佐·曼奇尼(Ezio Manzini)曾经说:"过去十年中,互联网、移动电话及社交媒体的普及与社会创新浪潮逐渐交汇融合,催生了新一代服务,这些服务不仅能够为难题提供前所未有的解决方案,还挑战着我们对幸福的理解,以及看待公民与国家间关系的观念。"埃佐·曼奇尼就互联网技术对社会创新设计重要性的理解,在我国以"互联网＋"的战略提出,而"智能＋"对"互联网＋"的升级悄然而至,在很多领域已形成了成熟的商业模式。世界范围内不同国家的设计院校,不约而同地关注到人类健康医疗问题,以此形成社会创新设计、服务设计的命题,其中对人工智能与用户体验的深度融合,是各个团队探索的主要领域。英国 Falmouth 大学与康沃尔郡的 Truro 医院开展的"心理健康"设计,吸引了包括中国的江南大学、安徽大学及新加坡、埃塞俄比亚等国家院校团队的加入,项目发起人布莱恩(Clark Bryan)明确提出,以科技领域最新的大数据、云计算的成果,结合心理健康的用户群体及相关者,形成创新性的解决方案。可以预见的是,智慧医疗在未来的广泛运用,一定是生命科学、大数据、云计算等科学技术与设计相遇的成果,毕竟,在生命的任何状态下,形态、色彩、肌理、触觉等要素,不可避免地以各种形式真实地呈现在产品、环境和体验之中。

设计作为创造性的活动,大多在解决问题或给人类带来惊喜两方面提出方案。在人工智能的世界里,任何事物几乎都是一组数据,都可找到算法的推演。如果说,交互设计、界面设计、数字媒体设计等新近形成的设计方向,是人工智能时代到来前的热身准备,那么,人工智能技术催生的新的设计领域将加速建立。以往在形式与功能之间展开的设计讨论,会变得越来越不重要,现有设计学科形成的以工业设计、视觉传达设计、环境设计等专业分类,将难以适应产业转型的需求。在已经形成的服务设计、系统整合创新设计、社会创新设计等内容中,人工智能的渗透使设计与相关学科的协同能力、解决问题的能力变得更为强大。

四、人工智能的应用

(一)人工智能的书法创作

阿尔法狗打败顶尖棋手李世石之后,人类关于人工智能的讨论又多起来。人工智能书法能超越书法大家吗?关于这个问题,相信大部分人,特别是书法学习者,被问到这个问题时,会不假思索、信心满怀地回答:当然不会! 并且,我们可以说出很多"不会"的理由,其中最能站住脚的,莫过于书法是一种艺术,其中蕴含着深厚的文化底蕴和充沛的个人情感,这些都不是人工智能所能替代的。随着科技的进步,机器人在灵活性上会比人更强,通过输入特定程序,特别是实力派书法家介入程序开发过程中,那么人工智能的行笔精准度、流畅度将比人更高。无论是复杂的提按、停顿,还是简单的蘸墨、刮笔,都比人类有过之而无不及。

书法向来被认为是慢生活的典范,平心静气、修身养性。本来可以与这一波人工智能新浪潮并行而驰,互不关联。但仔细琢磨我们的处境,却又冷漠不起来。就汉字文化而言,几千年的文明悠久持续,当然不可能轻易衰颓。可以说,把毛笔字转换成钢笔字、文言文转换成白话文、繁体字转换成简体字、汉字转换成拼音,是汉字(书法)所遇到的第一次全面的文化挑战。书法在其中濒临危境,采取何种应对方式,已是一个令人大伤脑筋的课题。互联网时代又一次改变了我们传统文化的传承脉络与方式,这是我们遇到的不可回避的重大文化挑战。

人工智能告诉我们,今后的语言文字交流方式,是"形体(如人脸)识别系统"和"语音识别系统"的天下,别说写字要动手,连打字动手也一概可免,只需用嘴巴讲,话音刚落,即可成文。写字无须、打字也不必。汉字在语文老师心目中,原有的"识、读、写"的教学内容,现在只要"识""读"即可,"写"的功能马上就会被形体识别和语音识别系统所取代。写字尚且不存,书法何为哉? 有如过去我们亦有一问:民国初年开始有钢笔字流行起来,毛笔字在实用上已无存在必要,它后面的书法又如何?

人工智能会轻松夺取绝大部分书法创作奖,只要有章法可寻的书法体,必将会被机器所学习。从目前机器手臂书写中我们可以看出,唯一阻碍机器不能像人一样流利书写的瓶颈就是笔,字形和提按机器学起来很轻松,只有笔在书写过程中笔毛形状的变化和笔的干湿是机器的短板,随着科技和工业制造水平的不断提高,笔的问题肯定不会成为问题,那时候书法行业可能就要重新洗牌了。

机器会不会取代我们今天艺术家的所有艺术创作,断然地回答是或否都为时尚早。其潜在意思是,人工智能艺术取代人类的艺术也不是完全不可能。如到那样一种境遇,机器人可能就变成了机器人群、机器人类,与人类同存共处。这就不单单是艺术的问题,而是整个人类与机器人类如何和谐相处的问题了。

有书法家认为,人工智能书法艺术发达后,意味着书法的春天即将来临。这个观点让人耳目一新。从书法的本质特性的视角来思考这个问题,他认为书法要重视书写性,现时代的书法过于强调展览的视觉性、功利性,与表现人在生活中的自然情感、性情、意趣以及精神创造的书法本质渐行渐远。

而人工智能书法艺术发达后,一般书法家的书法已经难以与人工智能书法分出高低上下,那时,书法竞争的功利性已经逐渐失去意义,而人工智能对人类造成的冲击,将使人们对自身的生命价值产生新的焦虑与追问,从而迫使人们静下心来审视书法以及其他艺术的本质意义,那时自然的书写、精神的交流与创造成为人们的内在迫切需求。人们迫切需要以审美的力量解答心灵归属问题,对心灵的渴望予以真正的满足,给焦躁孤独和漂泊的灵魂以意义和价值的安顿,对人类困境给出审美的精神层面的回应和引导。

(二)人工智能的绘画创作

世界上第一幅由计算机算法创造的绘画在佳士得纽约拍卖会上拍卖,这是人工智能创造领域的又一次突破。这幅名为《爱德蒙·贝拉米肖像》的绘画作品,是由巴黎 3 名青年创作的贝拉米家族(虚构)肖像中的一幅,他们利用计算机对以往创造的 15 000 幅肖像画进行了识别和训练后,就开始了人工智能绘画的首次创造,预计这幅绘画将在拍卖会上以 7 万元(人民币)以上的价格成交。

一台采用创造性对抗网络的人工智能系统通过了图灵测试,并且以 0.53 的高分,击败了人类艺术家的 0.41 分。这意味着机器创作的艺术品比市面上的人类艺术品,更符合大众对艺术的预期。

希腊艺术家 Tsagari 说,人工智能艺术"令人着迷",他认为这种算法与人类更多的是同伴关系而不是破坏性威胁。Tsagari 说:"机器作画和人类创作看起来是一回事,把人工智能带到一个可以创造概念的层次,一系列的情感将会建立在它创造的画作基础上,这是一个全新的层次。"

罗格斯大学的艺术与人工智能实验室在原有的 GAN(生成性对抗网络)

的基础上重新设计,制作出一套名为 CAN(创造性对抗网络)的人工智能系统。在运行了一段时间后,这套系统开始生成极富创造力的抽象艺术品。实验室主任艾哈迈德·艾尔加迈尔(AhmedElgammal)震惊不已,因为这些作品无异于艺术市场上流行的那种抽象画。于是,在两周后,他组织了一场图灵实验,邀请大众辨别这些作品到底是人类艺术家的作品,还是人工智能的创作。

　　长期以来,人们一直认为,人类的丰富创造力和想象力是人工智能无法超越的。配置了人工智能系统的"神奇机器"既没有经历过人类世界的多样性,也没有自己的情绪和记忆,要让它们成为画家真是勉为其难。然而,随着人工智能相关技术的不断演进,尤其是算法的持续改进,那些"神器"不仅已拥有"智慧",也开始拥有"艺术细胞"。人工智能"绘画"已完全不同于传统的"机器打印",而是像人类画家那样"主观"地绘画。现在,人工智能系统不仅会素描,还会用颜料进行绘画。

　　谷歌已推出"深度梦境"这一能创作画作的人工智能系统。它建立在人工神经网络算法的基础上,具备多层的数据网络,为艺术赋予了量化和数学属性,可以识别图像后作画。使用者输入一张照片,经过 10 至 30 层的人工神经元解读后,它会选取照片的重点特征进行加强或者重塑。

　　德国科学家也尝试用深度学习算法,让人工智能系统学习凡·高、莫奈等世界著名画家的画风,创作出全新的"人工智能世界名画基于深层神经网络的人工智能系统具备高感知质量的绘画模仿能力,用神经表征分离与重组的内容和图像风格,提供神经网络创造艺术形象的算法。同时,通过相似性生物视觉对比,让人工智能可以理解人类创建的艺术形象并进行模仿。

　　人工智能系统也能进行"模仿式"的绘画创作。在下一个"伦勃朗"项目中,人工智能系统对荷兰著名画家伦勃朗的所有作品进行了数据分析,最大限度地模仿其画风,然后应用 3D 打印技术创作出具有油画质感的肖像作品。

　　如今,人工智能的突破性发展大大推动了科技和艺术的交融。"机器绘画"已成为现代艺术家的新"神器"。在色彩应用方面,人的想象力其实是有限的,而人工智能系统在色彩应用方面却极具创造力。它一旦学会配色,就能进行无限的图片创作,而且能在色调、饱和度等方面作出平衡。人类画家与人工智能系统强强联手,更能创造出完美作品。人工智能系统可以把图像分解为不同风格和内容的组件,把神经网络用作通用图像分析器,采用风格转换算法创造出融合某种图像风格和另一种图像内容的新作品。通过这种"混搭",可轻松创作出各种略显诡异、怪诞的画作。而业余画家也可以利用人工智能绘图软件,根据搜索到的图像绘制角色。想画什么角色,只需输入角色名,人工智能软件会自动在网上找图并提取特征,绘制出这名角色的新图。

当然,机器的理性思维与艺术相关的感性思维有明显差异。所以,用人工智能"绘画"还是非常有难度的。为了更好地"绘画创作",人工智能系统必须学会自我感知,以更好地理解与人类画家创造作品时相关的情绪、心理和生理等诸多因素,以达到人类能感知的艺术境界,引起欣赏者的共鸣。

未来人工智能绘画系统将会在情感和记忆方面进一步延展,通过自主学习和自主绘画回忆让整个系统能够找到更多的自我意识,从而通过样本的不断累积,创作出更多的精彩作品。

(三)人工智能的音乐创作

用人工智能为音乐创作降维的盒声音乐成立了,创业思路来自创始人个人经历与普遍的行业痛点。创始人施佳阳早年通过作曲软件 DAW(Digital Audio Workstation)接触到音乐创作,并由此进入了音乐行业,这让他意识到技术对于音乐爱好者的帮助,但这些音乐制作软件存在诸多问题,比如操作性差,产品更新慢,反馈不够精确等。

音乐创造者普遍的问题在于寻找灵感的方式有限。他们需要花时间营造适合创造的音乐氛围,这个过程会给自身很大的压力。而创作完一段音乐后,创作者往往没办法利用以前的经验来获得灵感。

盒声音乐做的是一个降维的工作,也就是降低肌肉记忆的最低标准。艺术需要肌肉记忆,比如音乐家需要手指的肌肉记忆,通过钢琴完成伴奏,从而完成唱歌的过程,这一个寻找灵感的过程有时候显得过长。

盒声音乐可以缩减这个过程,创作者可以通过输入标签、输入歌词、上传图片等方式生成音乐小样,获得音乐反馈帮助自己获得灵感。盒声音乐系统还可以解析音乐,对创造者的风格做一个猜想,通过机器学习已完成的作品方法来帮助创作者形成个人风格。

盒声音乐目前十分钟能创作一首短音乐,对比而言音乐人平均一两天才能创作一首,施佳阳未来计划缩短到两分钟创作一首短音乐,"音乐本身时间越长,人工智能的优势越大"。

盒声音乐对应着两个方面的目标:降低音乐爱好者进行创作的门槛;帮助音乐人更好地获得灵感并形成风格。

盒声音乐的创作团队是音乐产业内科技爱好者与 IT 产业内音乐爱好者的集合,这个团队很早就在做音乐科技的探索,并最终将突破口放在人工智能上。

盒声音乐的算法分两块,一种是谷歌的开源算法,对数据进行无监督的机器学习。此外盒声还有一套自主研发的智能作曲系统"YAME",这套系统与国外普遍的"暴力算法"相区别,会有专家系统对人工智能进行审美的引导,进行音乐语汇的计算、合成和渲染。"盒声音乐产出的音乐平均质量应该在行业平均水准之上。"

对电影制作方、商业地产等配乐需求方,盒声音乐直接为其提供精准的定制化音乐,并附带他们能理解的个性化标签,针对不同需求方提供不同输入方式,在时长、风格等方面进行定制化创造。

对于音乐人团队,盒声音乐团队为其提供前端数据,开放更多自定义空间,比如速度、风格、节奏这样的选项来帮助其创作,后者也会提供一些模板来丰富盒声音乐系统。

目前,盒声音乐已经与简单快乐达成合作,为其旗下艺人创作专辑,此外,公司还在开展为院线电影配乐、为旅游小镇提供环境音乐、为商场提供罐头音乐等业务。

AIVA 是一种人工智能产品,能够为电影、视频游戏、商业广告和任何类型的娱乐内容创作配乐。AIVA 通过阅读大量伟大的作曲家,比如:莫扎特、贝多芬、巴赫创作的音乐来学习音乐创作艺术,以此建立一个数学模型来学习"什么是音乐"。这个模型被 AIVA 用来创作独特的音乐。AIVA 能够仅仅通过现有的音乐作品,捕捉到音乐理论的概念。

制作团队表示"艾蜗"这个名字具有特定的含义。"艾"寓意"长者",同时也代表 AIVA 是向历史上最伟大的作曲家学习;"蜗"来自"女娲",女娲创造了人类而 AIVA(艾蜗)则创造音乐。

AIVA 背后的技术是基于使用强化学习技术的深度学习运算法则。深度学习是机器学习的一种特殊类型,通过对多层"神经网络"进行编程,使其可以在不同的输入点和输出点之间处理信息。这使得人工智能能够理解建模数据中复杂的抽象性,比如旋律中的模式或一个人脸上的特征。

在听了大量的音乐并学习了自己的音乐理论模型之后,AIVA 创作了自己的乐谱。然后,专业艺术家在录音棚里用真正的乐器演奏这些编程函数(Partitions)的结果,以达到最好的音质。

当被问及为何选择专注于古典音乐时,AIVA 的创始人解释道:"首先,它是电影、游戏、商业广告和预告片配乐中使用的主流风格。其次,供 AIVA 学习的所有编程函数的音乐版权都是已经失效的。虽然 AIVA 所听和学习的音乐确实是没有版权的,但它自己的作品并不在公共领域,因为它们是在法国作曲家协会(SACEM)注册的。"

除了最开始对古典音乐的探索,该团队也在教授人工智能系统学习更多风格的音乐。现代音乐所提出的挑战不是作曲本身,而是乐器仪器和声音设计。例如,很多的乐队都有其独特的音色,使得他们如此与众不同。因此要创造出独特的声音,使创作的音乐在人工智能中脱颖而出并达到人的水平,将成为需要解决的问题。

根据研究小组的说法,他们已经进行了几次图灵实验,让专业人员去听 AIVA 的作品。到目前为止,他们中没有一个人能说出这些作品是人工智能创作的。

AIVA 得到了法国作曲家协会(SACEM)的资格认证,成为人工智能领域首个获得国际认证的虚拟作曲家。

(四)人工智能的平面设计创作

网络曾一度被"设计师的末日——谷歌研发出平面设计人工智能 AlphaGd"的新闻所占据头条,相信无论是正在平面设计这条道路求知的学生还是已经是资深平面设计师的大咖们,都反复仔细地看了这篇报道。谷歌位于伦敦的人工智能开发小组 Deep Mind 已研发出应用于平面设计领域的新型人工智能程序 AlphaGd(Alpha Graphic design,又被称为 Google 的人工智能设计师),人工智能设计师的出现无疑对平面设计师是一个极大的威胁。在大数据时代的今天,信息化的进步带来的不仅仅是我们生活的便捷,同时也促进着设计行业的变革。人工智能平面设计师能够存贮全球近 500

万个设计项目案例资料,并能根据海量数据库将客户的需求分析推导成具备普遍性市场共识与美学认知的对应设计形式,在网格、字体及色彩上都能做到合理的使用,可以在 5 分钟之内编排完一本 300 页的画册。当今,经过数据的整合研发出人工智能平面设计师,使平面设计中的版式设计产生了新的突破,极大地提高了版式排版的速度,同时节省了人力。

智能网站会对你的文案、图像素材进行分析整合,然后交给你一个最终成品,整个过程你无须动一根手指,并且绝对不是用千篇一律的网站模板内容,每一次快速生成的网站都能让你耳目一新,总有一款令你满意,这样的全自动工具将会首先应用在网站,今后还将逐渐改变整个平面设计行业。

AI 最强的地方在于懂得不断学习进步,目前提供网站设计的 AI 公司 Grid 承诺,只要你把网站交给他们的 AI,将发现它物超所值,因为它永远不要求涨工资,也不会拖延工作,就算只给它 5 个色调来创作,它也能回报你超过 20 万种独特的设计成果,而这款 AI 程序的售价大约只需要 100 美元。

AI 只要用穷举法,把各种可能性列举,然后对比大数据,选出更类似于精英成果的那一项,就能够满足大部分人的要求。换句话说,AI 的一个山寨成果稍微改头换面,在普通人看来都可能是创新前沿了,通过人工智能数据分析以及自然语言处理等相关技术,10 秒便自动为我们一键生成了多种设计方案。

来自微软亚洲研究院的研究员与清华大学美术学院的艺术设计专家让 AI 接手了繁杂专业的图文排版设计工作,他们提出了一个可计算的自动排版框架原型。该原型通过对一系列关键问题的优化(例如,嵌入在照片中的文字的视觉权重、视觉空间的配重、心理学中的色彩和谐因子、信息在视觉认知和语义理解上的重要性等),把视觉呈现、文字语义、设计原则、认知理解等领域专家的先验知识自然地集成到同一个多媒体计算框架之内,并且开创了"视觉文本版面自动设计"这一新的研究方向。

阿里巴巴的鲁班系统通过深度学习来量产横幅,设计师将自身的经验知识总结出一些设计手法和风格,再将这些手法归纳出一套设计框架,让机器通过自我学习和调整框架,演绎出更多的设计风格,上亿的横幅通过素材进入该框架后批量拼装而成。对于淘宝商家来说,每一年迎战"双 11"必不可少的环节便是准备促销海报,它不仅是介绍商品基本信息的窗口,也是商家进行营销的手段。

第六章　人工智能发展概述及产业链分布

蒸汽机的发明带领人类步入第一次工业革命,人类社会进入机器大生产时代;电动机、内燃机的发明带领人类步入第二次工业革命,人类社会进入电气时代;计算机、互联网的发明带领人类步入第三次工业革命,人类进入信息时代。当前,以人工智能为代表的技术正引领着第四次工业革命,人类正步入智能时代。

人工智能与基因工程、纳米科学并列为 21 世纪三大尖端技术,是新一轮产业变革的核心动力,也是当前和未来发展的重要领域。谁能走在人工智能研究的前列,谁就能在国际竞争中处于有利地位。而参与人工智能领域的竞争,需要把握其发展脉络、行业特征及国内外发展现状。

第一节　人工智能及其发展概述

一、人工智能界定

(一)人工智能的概念

什么是人工智能?这个问题学界目前没有统一的定义。麻省理工学院的帕特里克·亨利·温斯顿(Patrick Henry Winston)教授认为:"人工智能就是研究如何使计算机做过去只有人才能做的智能工作";而美国斯坦福大学人工智能研究中心的 N.J.尼尔逊(N.J.Nelson)教授则认为:"人工智能是关于知识的学科——怎样表示知识以及怎样获得知识并使用知识的学科。"大英百科全书则定义人工智能是数字计算机或者数字计算机控制的机器人在执行智能生物体才能有的一些任务上的能力。

　　本书所研究的人工智能是采用中国电子技术标准化研究院《人工智能标准化白皮书(2018 版)》(以下简称《白皮书》)给出的定义,即人工智能是利用数字计算机或者数字计算机控制的机器模拟、延伸和扩展人的智能,感知环境、获取知识并使用知识获得最佳结果的理论、方法、技术及应用系统。

　　2.人工智能发展观

　　从人类发展史看,人类的智能主要包括逻辑演绎和归纳总结。逻辑推理、定理证明等是基于公理系统的符号演算,是逻辑演绎的智能;下意识地处理视觉、听觉等信号是基于大脑神经网络的学习方法,是归纳总结的智能。

　　人工智能主要的用途是对人的智能的模拟、扩展和延伸,那应该着重发展逻辑演绎智能还是归纳总结智能? 学者们对此见解不一,由此形成了不同的人工智能发展观。

　　主流人工智能的发展观可分为"符号主义(Symbolism)"和"连接主义(Connectionism)"。"符号主义"与逻辑演绎相对应,其主张把信息符号化后,输入能进行逻辑推理和演绎的机器,让机器模拟人的逻辑演绎智能;"连接主义"与归纳总结相对应,其主张用感知器感知信息,用人工网络神经进行信息处理,以此模拟人的归纳总结智能。历史上人工智能发展观还出现过"行为主义"和"统计主义"这两种,但对了解人工智能发展史帮助不大,因此不做介绍。

二、人工智能发展概述

　　早在 12 世纪末,人们就希望制造器械帮助人们分析、思考和解决问题,其中使用的方法和技术蕴含了人工智能的萌芽。随着科技的不断发展,关于人工智能的探索逐步向前推进,在不同的历史时期,人工智能的发展呈现出兴衰交替的现象。人工智能发展至今,由于在理论、技术、应用、商业化等方面取得了全面突破,现正处于爆发式增长阶段。

(一)萌芽期(12 世纪末至 20 世纪 30 年代)

　　这一阶段,科学家们初步设想了逻辑思维的系统表达方法,虽然还没有"人工智能"的概念,但其中一些有关逻辑和分析的思想、技术却蕴含着实现能"思考"机器的萌芽。例如:17 世纪英国人布尔(Boole)提出布尔代数,初步实现了思维符号化和数学化的思想;19 世纪末,英国人 C. 巴贝奇(C. Bab-bage)致力于分析机和差分机的研究,发展了关于"思考"机器的思想。

(二)奠基期(20 世纪 30 年代~20 世纪 50 年代)

20 世纪 30 年代,图灵提出了计算机设计制造的图灵机模型,这为计算机的出现打下了理论基础;20 世纪 40 年代,他提出了机器能够思维的论述,这使得人们意识到机器真的可以像人类一样思考;20 世纪 50 年代,他通过著名的图灵测试,以此检验机器是否真的具有智能。

此外,其他有助于人工智能产生的理论、技术逐渐突破,例如在此期间,信息论、控制论被创立,人工神经元模型被提出,计算机问世。与图灵的成果一样,这些都直接推动了人工智能的出现。总结起来,这一时期思想迸发、技术突破,人工智能的出现已成必然。

(三)第一次繁荣期(20 世纪 50 年代~20 世纪 70 年代)

20 世纪 50 年代,"人工智能夏季研讨会"在美国达特茅斯大学召开,会议正式提出"人工智能"这一概念,至此人工智能科学正式创立。随后,相关理论和技术快速发展,人工智能经历第一次繁荣。

"符号主义"在这一阶段可谓硕果累累,其中颇具代表性的有:20 世纪50 年代初纽厄尔(Newell)等人编制的逻辑机 LT 问世,其能自动证明数学定理;"机器学习"的概念于 20 世纪 50 年代末被塞缪尔(Arthur Samuel)提出,其核心思想是将传统的制造智能演化为通过学习能力来获取智能,他设计的具有自学能力的跳棋程序曾赢过世界盲人跳棋大师;由费根鲍姆(E. A. Feigenbauni)等人开发的第一个专家系统"DANDRAL"于 20 世纪 70 年代诞生,实现把知识教给机器,使其成为某一方面的专家;编程语言 LISP、Prolog分别于 20 世纪 50 年代、20 世纪 70 年代由麦卡锡(McCarthy)、柯尔麦伦纳(Colmeraner)发明,成为后世人工智能编程的主要语言。此外,在自然语言理解系统、博弈、通用问题求解程序等方面也取得了显著成就。

"连接主义"学派方面,虽然成果不如"符号主义"学派显著,但在理论上实现了开创性突破,弗兰克·罗森布拉特(Frank Rosenblatt)教授于 20 世纪50 年代提出了"感知器"(Perceptron)模型。"感知器"模型是第一个具有自组织、自学习能力的数学模型,也是第一个用算法来精确定义的神经网络,成为日后许多新的神经网络模型的始祖,其中就包括当今名显于世的深度学习算法。

(四)第一次低谷期(20世纪70年代~20世纪80年代)

这一阶段,前期的理论缺陷、技术局限和负面舆论使人工智能的发展遭遇低谷。

"符号主义"学派方面,20世纪70年代机器翻译等项目的失败及一些学术报告的负面影响,导致人工智能的经费普遍减少;专家系统面临知识难以获取、常识性知识缺乏、推理能力弱、不能访问现有数据库等巨大困难。

"连接主义"学派方面,单层神经网络不能解决以"异或门"(Exclusive - OR gate,简称XOR gate)为代表的线形不可分割问题,而且当时计算机也不能满足神经网络的巨大计算量。此外,由于传感数据不足,造成"感知器"研究几乎停滞,而且政府长期不出资扶持,基于神经网络的人工智能进入业界所谓的"核冬天"。

(五)第二次繁荣期(20世纪80年代中期)

这一阶段繁荣的原因是多方面的。首先,理论及应用方面再次取得突破。一方面,辛顿(Hinton)等人系统地提出了反向传播算法,降低了神经网络的运算量,并解决了异或门难题;另一方面,"知识工程"的思想应用,使得"符号主义"学派再获发展。其次,人工智能走向实际应用,带来很可观的经济效益。例如,用于地质勘探的专家系统"PROSPECTOR"在20世纪80年代预测了华盛顿州的一个勘探地段的钼矿位置,其开采价值超过了1亿美元。最后,日本开始第五代计算机研制计划,美国政府也积极立项支持人工智能的研究,全世界掀起了人工智能的研究浪潮。

(六)第二次低谷期(20世纪80年代~20世纪90年代)

20世纪80年代,LISP机市场崩塌,这是对人工智能发展的一次沉重打击。随后,理论技术方面再次遇到瓶颈。一方面,传统神经网络的反向传播算法遇到了"梯度消失问题。这是根本性问题,如解决不了,传统神经网络将很难再获发展;另一方面,专家系统在实时性差、与环境的交互性不尽如人意、无法解决常识形式化问题上使得抽象推理很难再被关注,"符号主义"

在某种程度上甚至遭受反对。20 世纪 90 年代,日本第五代计算机研制宣告失败。这无疑又是对人工智能的一次打击。由于上述这些原因,人工智能遭受了第二次低谷。

(七)复苏期(20 世纪 90 年代~21 世纪初期)

这一阶段技术和理论方面都有很大进步,只不过相比于下文所叙述的增长爆发时期,其成果没那么耀眼,故将其作为增长爆发期前的复苏时期。首先,"符号主义"学派方面技术稳步发展,其中最有代表性的莫过于机器在下棋方面的进步。20 世纪 90 年代,Deep Blue 战胜世界国际象棋冠军加里·卡斯帕罗夫(Garry Kasparov),实现了人工智能技术刚起步时学者们对机器下棋胜过人类的期待。其次,在"连接主义"方面,理论再次突破。辛顿及其合作者提出深度学习算法,使机器的学习能力大幅提升。最后,在应用及商业化方面,虽不及增长爆发阶段那么显著,但也有着稳步推进。

(八)增长爆发期(21 世纪初期至今)

这一阶段人工智能的爆发式增长主要来自以下几方面的原因。

其一,算法理论的突破。IBM 公司的沃森(Wasion)系统在美国电视节目《危险边缘》中战胜最高奖金赢取者和连胜纪录保持者,深度学习算法名声大噪;谷歌 AlphaGo 以 4 比 1 战胜世界顶级围棋大师李世石,增强学习算法声名鹊起。而深度学习算法和增强学习算法只是众多算法中最有代表性的两种,算法理论在这一阶段的快速发展由此可见一斑。此外,由于世界人工行业的激烈竞争,众多商业巨头和高校纷纷推出开发平台,例如谷歌的TensorFlow 神经网络开源库、加利福尼亚大学伯克利分校的 Caffe 卷积神经网络开源框架等,这些亦在很大程度上促进了算法的发展进步。

其二,计算能力的大幅提升。由于摩尔定律(Moore's Law),计算机软硬件方面的能力逐年加强;此前以 CPU 为主的计算机很难满足如深度学习等算法的庞大计算量,而 CPU 的应用使得计算机计算能力大幅提升。

其三,数据的爆发增长。人工智能使用大量数据训练各种算法,没有足够数据的训练,人工智能不可能拥有充分的智能,数据对人工智能不可或缺。我们有理由相信,当今世界产生的各类丰富的数据资源为各类算法训练提供了充分的数据保障。

其四,商业化、应用化的快速发展。一方面,人工智能作为新一轮产业变革的核心驱动力,正在重构生产、分配、交换、消费等经济活动各环节,是世界商业必争之地;另一方面,人工智能和其他各行业的结合越来越紧密,在金融、农业、交通运输、健康医疗等(即"AI+")方面得到了广泛应用,带来了很好的效益,各行业对人工智能的需求也越来越大。

人工智能如今发展势头正猛,正释放出历次科技革命和产业变革所积蓄的巨大能量,处于增长爆发阶段。纵观历史,每次技术革命本质上都是人类生产力的解放,当下人工智能也正进一步解放人类生产力,引领第四次技术革命,相信未来人工智能的发展必将越来越成熟,带领人类步入新阶段。

三、人工智能产业链及其特征分析

(一)人工智能产业链

人工智能产业链可分为基础支撑层、软件算法层、行业应用层三环。

基础支撑层包括计算硬件、计算系统技术、数据三个方面。其中计算硬件包括云端推算、云端训练、设备端推理、智能芯片、智能传感器。用一个有趣的比喻可以帮助理解智能芯片和智能传感器之间的关系和各自的功能:如果说智能芯片是人工智能的大脑,那传感器就是神经末梢的神经元。智能芯片具有高性能的并行计算能力,而且支持主流的神经网络算法,目前主要包括 CPU、FGPA、ASIC 以及类脑芯片。智能传感器集传统传感器、微处理器以及相关电路于一身,是具有初级感知处理能力的相对独立的单元,目前主要包括视觉、触觉、温度、距离以及超声波等智能传感器;计算系统技术包括大数据、云计算、5G 通信及互联网;数据包括数据采集、数据标注和数据分析[17]。

软件算法层包括算法理论、开发平台、应用技术三个方面。其中算法理论包括机器学习算法、类脑算法、知识图谱等;开发平台包括基础开源框架、技术开放平台,例如:谷歌的 TensorFlow 神经网络开源库、加利福尼亚大学伯克利分校的 Caffe 卷积神经网络开源框架、百度的 Paddle Paddle 深度学习开源平台等;应用技术包括自然语言处理、计算机视觉以及人机交互等。自然语言处理涵盖众多研究方向,但目前主要集中在自然语言理解和自然语生成两个方向上。前者可以理解为计算机理解自然语言的文本思想或意图;后者可以理解为计算机用自然语言"表述"思想或意图。计算机视觉主要满足对图像或视频内物体及场景识别、分类、定位、检测和图像分割,因此主要应用于视频监控、医疗影像分析、自动驾驶、人脸识别机器人自主导航、工业自动化系统以及遥感测量等领域。人机交互的典型应用是智能语音,智能语音是一种能实现文本或命令与语音信号相互转化的技术,包括语音识别和语音合成两方面。语音识别好比机器的"听觉系统",通过识别和"理解",将语音信号转化为文本或是命令;语音合成是机器的"发声系统",是在机器接受命令或是阅读文本时将其转化为语音信号的系统。因此智能语音技术被广泛应用在智能音响以及语音助手等领域。

行业应用层包括"AI +"和典型应用两方面。"AI +"包括人工智能行业垂直应用,例如"AI +"农业、"AI +"金融、"AI +"交通服务、"AI +"健康医疗等;典型应用包括智能汽车、智能无人机、视觉产品、语音终端和智能机器人等。

(二)人工智能产业链特征分析

人工智能产业链的基础支撑层是对人工智能功能实现必不可缺少的必备性物质资料;软件算法层是以算法为核心,以及其衍生出来的一系列技术;行业应用层是应对市场需求,把软件算法层形成的技术形成产品,加以应用的过程。综合分析来看,人工智能产业链具有以下特征。

基础支撑层和软件算法层的发展进步更多地依靠科技的力量,行业应用层扩张更多地依靠市场的力量,且市场与科技互为支撑。无论是基础支撑层的计算硬件、计算系统技术还是软件算法层的算法理论、开发平台以及应用技术的进步,毫无疑问都依赖科技的发展,这也是世界人工智能风雨几十年得出的经验。此外,基础支撑层的数据发展也得益于科技(具体来说就是互联网)的发展,正是因为大数据时代的到来,才使得各类算法有充足的数据用于训练和检验。而在行业应用层,只有市场有需求才能促进行业的发展,市场无须求则行业必然缩小甚至消失。同时,市场需求也正向作用于基础支撑层和软件算法层、使得各类科技加大研发力度,而科技的进步则会满足甚至创造需求,因此市场和科技互为支撑。

产业链三层均是寡头垄断的市场结构,未来人工智能行业成熟时产业链三层将呈现出几家独大的行业格局。基础支撑层和软件算法层的发展更多是依靠科技的力量,故不是每一家企业都有足够的科技实力和经济实力进军这两层产业链,即使有经济实力,也会在高高的专利墙前望而却步,再加之科技研发的巨大沉没成本,这就使得前两层产业链形成巨头称霸的寡头垄断。在行业应用层,首先,因为进入壁垒很高,想要进入市场就需要有技术的支持,所以很多行业应用层的企业也是软件算法层的巨头;其次,由于生产同类产品的企业,谁先把产品推向市场并赢得市场认可,谁就会占据先发优势,待到后进企业步入市场时,先进企业已取得一定的市场规模,又因为技术和市场的双重先发优势,会使得小企业或后进企业竞争不过先进企业,最终要么倒闭要么被兼并,其结果依然是寡头垄断。

第二节 发达国家人工智能产业链布局

当前,人工智能发展迎来第三次高潮,主要发达国家都已充分认识到人工智能带来的发展机遇,纷纷出台政策加大投入促进人工智能的发展,其中一些好的做法值得我国借鉴。

一、美国的主要做法

(一)制定国家战略引领产业发展

美国白宫科技政策办公室密集出台了三份人工智能领域的重要文件,分别为《为人工智能的未来做好准备》《国家人工智能研究与发展战略规划》和《人工智能、自动化与经济》,人工智能的战略地位显著上升。美国签署了一项名为"维护美国人工智能领导地位"的行政命令,要求确保美国是人工智能研发和部署的全球领导者。这些战略在政策制定上具有前瞻性、渐进性和系统性,确定了人工智能研发的优先重点和战略目标,有效引导资金投入,并根据技术迭代和产业发展趋势适时调整重点领域和支持措施,激发了美国人工智能的发展高潮。

(二)重视人工智能的基础设施建设

在数字经济时代,开源项目是人工智能的基础设施,大量数字化成果通过开放或开源方式共享,将大大提升创新速度。据《美国人工智能研发战略计划 2019 更新版》介绍,通过 data. gov 和 code. gov 两大开放开源平台,通用服务管理部门提供了 24.6 万个数据集和源代码,可让更多人接触到人工智能。美国退伍军人事务数据共享平台(VA Data Commons)创造了世界上最大的关联医疗基因数据集,这些数据都符合美国 NIST 标准,可以很好地被公众应用。

(三)独特的政府—大学—产业研发生态系统

在《美国人工智能研发战略计划 2019 更新版》中,特别提到了公私合作进行人工智能研发的重要性。认为美国在科学及创新方面的领先地位主要得益于其独特的政府—大学—产业研发生态系统。它以"实用"为导向,战略性地整合研发设施、数据集和专业知识等资源,加速科技成果的产业化进程。合作方式包括项目合作、开展基础性研究、基础设施研究、研发人员的跨部门参与等。美国的《拜杜法案》规定,使用政府资源进行联合研发的私人部门可依法获得知识产权,这直接促进了公私合作研发伙伴关系,极大地推动了科学技术转化为生产力,扩大了政府、产业界和大学的共同成果和利益。人工智能由于其跨学科特性,更加依赖官产学的深度合作,美国人工智能系统的基础研发就是由这种系统实现的。

(四)加强国际参与,保持领先优势

美国政府致力于推动支持人工智能研发的国际环境。为美国人工智能行业开辟市场,同时确保技术开发符合美国利益,在签署"维护美国人工智能领导地位"的行政命令后,联邦政府据此制定实施行动计划,集中联邦政府资源发展人工智能,包括强化美国劳工的技术教育和学徒制、促进各级学校开设高质量 STEM 和计算机科学教育、优先考虑人工智能研发领域的投资等,以维持和加强美国在人工智能研发和部署方面的领导地位。

二、欧盟的主要做法

(一)不断加大人工智能的研发投入力度

连续、大规模的资金投入是科研的基础,欧盟把以人工智能为代表的信息科技作为研发投入的重点,不断强化投入。欧盟在人工智能领域的强化投入使其成为全球人工智能领域重要的研发中心。

(二)增加公共和私营部门对人工智能的应用

欧盟启动了《欧盟机器人研发计划》(SPARC),目标是在工厂、空中、陆地、水下、农业、健康、救援服务以及其他应用中提供机器人。欧盟委员会称,这是目前全球最大的民用机器人研发计划,涉及机器人在制造业、农业、医疗、交通运输、安全等各领域的应用。此外,《欧盟人工智能战略》还鼓励成员国利用创新券、小额资助和借贷帮助中小企业数字转型,包括整合人工智能在产品、生产流程和商业模式上的应用。

(三)人工智能助力城市加速可持续发展

欧盟及其成员国除在经济领域推进人工智能的应用外,也将其覆盖到社会发展领域,以人工智能技术为基础建设智能城市。欧盟成立智能城市创新联盟,推进智能交通、智能建筑等技术在城市建设中的应用,迄今已实施了多个研发项目,吸纳了欧洲 31 个国家 3000 多个城市和社区参与。伦敦、巴黎、柏林等欧洲主要大城市都已形成各具特色的智能城市发展战略,一些中小城市甚至大的社区也在智能型发展上取得显著成效。被评为欧洲第一智能城市的丹麦首都哥本哈根,2014 年获得世界智能城市大奖,是全球智能城市发展的典范。

(四)重视人工智能法律和伦理研究

欧盟希望将人工智能立法和价值观塑造作为其独特的发展优势,引导人工智能发展。欧盟委员会提交动议,要求把数量不断增长的智能自动化机器人的身份界定为"电子人(electronic persons)",赋予这些机器人依法享有著作权、劳动权等"特定的权利与义务"。同时建议为智能自动化机器人设立登记册,以便为这些机器人开设包括依法缴税、领取养老金等涉及法律责任的个人资金账户。如果此项法律动议通过,欧盟将成为首个通过立法赋予人工智能人权的地区。在人工智能伦理研究方面,欧盟"人工智能欧洲造"计划强调"设计伦理"和"设计安全"原则,即人工智能在设计之初就必须在《通用数据保护条例》基础上,遵守伦理和道德法律原则,并考虑保护网络安全和便利相关执法活动[18]。

三、日韩的主要做法

(一)注重人力资源培养

面对人工智能产业人才短缺的问题,日本提出通过短期培训项目使从业者及时获得知识更新和技能提升。在培养方式上,提倡政企校三方合作开展研究和通过 JST 基金培养青年人力资源。

(二)大力支持初创企业的成长

日本认为开放式创新能够促进人工智能初创企业的加速成长。为了灵活推进人工智能技术的发展,日本政府号召大企业通过开放创新平台、提供资金支持和开展商业合作等方式向初创企业提供帮助。除了在大企业和初创企业之间牵线搭桥,日本政府还确定了旨在培育初创企业的综合战略,包括修改公共采购方针向初创企业敞开招标的大门、将日本新能源产业技术综合开发机构(NEDO)打造成为连接初创企业的枢纽来助力企业成长。韩国政府积极培育富有潜力的人工智能初创企业,提出与该领域的初创公司和企业合作研究尖端技术。

四、启示

(一)将人工智能技术作为经济社会发展的重要支撑

随着我国 5G 商用牌照的正式发放,人工智能技术的突破和应用又迈上了新的台阶。下一步,应深入推动人工智能技术在节能减排、新型城镇化、人口健康、产业升级等方面的普及应用,促进中国特色的智能电网、智能城市、智能养老和工业互联网等发展,为促进我国经济社会全面可持续发展提供强有力的支撑[19]。

(二)强化人工智能的基础层创新

从中美人工智能技术实力来看,美国的人工智能公司多是做基础设施的大公司,底层技术实力相对较强;中国则多是创业公司,专注于人工智能技术的应用,基础层创新发展与美国差距较大。人工智能基础层与技术和应用层是交替前进相互作用向前发展的,基础层的突破往往会推动技术和应用层的创新。因此,应结合当前人工智能发展的新趋势,加强人工智能的基础理论研究和重大研发项目布局,集中力量大力推进我国人工智能基础层的创新,在底层技术上不断强化投入,抢占未来人工智能发展的制高点[20]。

(三)加大对人才的培养引进力度

人工智能产业有三个人才梯队:第一梯队是最顶级的科学家,负责设计模型和基础架构,第二梯队主要是开发算法的专家,第三梯队是各类型工程师,负责采集数据并用人工智能技术来分析数据,应在此基础上对不同层次的人才进行有针对性的培养和引进。在当前形势下,我国应保持开放的心态,坚持向各国人工智能人才"敞开大门",探索构建新体制加快研发步伐,促进与世界各国共同开展研究。此外,美国等发达国家注重发挥企业、社会机构等市场主体在人工智能发展中的作用,通过学徒制来培养人工智能人才,这种做法值得我国借鉴。一方面大学可增设人工智能相关专业或课程,在紧缺的人工智能若干领域实施短期教育培训项目,另一方面促进校企合作办学,企业的领军人才走向课堂深度参与人才培养与交流,教师和学生也可走向企业共同参与产品研发,加速人才适应生产的周期。

(四)构建新的社会伦理规范,确保安全和社会秩序

人工智能技术与其他高级技术一样是一把双刃剑,一方面给人类生产生活带来更高的效率,另一方面拥有自主学习能力的人工智能也给社会伦理和秩序带来新的挑战,必须确保以人工智能为基础的系统能够得到有效的管理,不会与人类的价值观和理想相悖。因此,我们既要做好技术系统的防护、备份和监控,又要在制度和法律层面进行安全约束。建立适当的道德和法律框架让公众为人工智能带来的社会经济变化做好准备,是当前我国人工智能战略需要向欧盟等发达国家借鉴的地方。

五、如何助推人工智能发展

发达国家高度重视高等教育对人工智能发展的推动,并采取了一系列措施,如为人工智能人才培养和科研专门拨款、制定人工智能人才培养规划、建设人工智能学院、发挥高校在人工智能建设集群中的作用等。与国外

高校的人工智能发展水平相比,我国高校人工智能教育起步晚,实力相对较弱。因此,我国应从大力推动高校与企业的合作、建设人工智能一级学科、组建人工智能联合研究机构等方面着手,进一步促进人工智能在高等教育领域的发展。

(一)高等教育在人工智能发展中起着重要促进作用

高等教育所具备的人才培养、科研和成果转化三项功能,相互支撑、相互促进,对一个国家人工智能产业的发展起着重要的促进作用。首先,高等教育是人工智能高级人才培养的主要基地。人才是一个国家人工智能产业发展最重要的资源,是进行人工智能科研和人工智能成果转化的基础,高等教育能够为一个国家培养大量的高级人工智能人才,满足一个国家产业发展对人工智能高级人才的需求,高级人工智能人才主要由高校培养。一个国家要发展人工智能,必须增强高等教育的人工智能人才培养能力,扩大人工智能人才培养的供给,提升人工智能人才培养的水平[21]。其次,高等教育能够为一个国家的人工智能发展提供基础理论成果和应用科研成果。人工智能科研是一个国家人工智能产业发展的重要引擎,科研能够为一个国家人工智能产业的发展提供理论支持,也能够促进一个国家人工智能人才的培养,高等教育在人工智能科研中发挥着重要作用,特别是在人工智能基础理论研究方面起着不可替代的作用。高校是人工智能科研的重要发源地,目前全球三分之一的人工智能科研人员在高校工作,高校和科研院所取得了大量的人工智能科研成果,在人工智能专利持有数量方面,高校和科研院所占到了很大的比例。要增强一个国家的人工智能的综合实力,必须增强高校的人工智能科研水平,尤其要高度重视提升一个国家的人工智能基础科研理论研究水平,为一个国家的人工智能科研水平的提升提供理论基础,同时,要提升高校的应用科研水平,为国家和社会提供更多的应用科研成果。最后,高等教育通过成果转化能够直接推动人工智能产业发展,高校服务社会的功能能够将高校的研究成果转化为现实的生产力。例如,在德国的人工智能活动的集群中,负责研发的人工智能研究中心的实验室得到德国大学的支持,并成为联系学生、研究人员和工业雇主的桥梁。同时,人工智能的科研转化功能能够反作用于高校人工智能人才培养和科研,有利于提升高校的人工智能人才培养能力和提升高校的人工智能科研水平。要提升一个国家人工智能产业的综合发展水平,必须增强高校的社会服务能力,增强高校的人工智能科研成果的转化能力,更好地服务于一个国家的人工智能产业发展。

(二)发达国家促进人工智能发展举措的三个特点

1.高度重视

发达国家制订的国家人工智能发展规划均有着明确的促进人工智能人才培养和科研的相关内容,为促进人工智能在高等教育领域的发展进行了专门拨款,积极布局建设人工智能联合研究机构,体现出发达国家把高等教育当作推动人工智能发展重要力量的战略战术考量。这是发达国家人工智能在高等教育领域迅速成长的重要原因。

2.全方位促进

发达国家为了促进人工智能发展,采取了全方位的举措,大力促进人工智能人才的培养,高度重视人工智能的科学研究,积极促进人工智能科研成果的转化,实现了人工智能相关方向在高等教育领域的全面布局,为发达国家人工智能产业的发展提供了人力资源基础和科研基础,发挥了高等教育在人工智能产业发展中的重要作用。

3.吸纳多种力量

发达国家注重吸纳多种力量促进人工智能在高等教育领域的发展,主要体现在三个方面:一是动员高校自身的力量,通过建设人工智能学院和人工智能专业形成人工智能人才培养和科研的基地,发动高校的相关学院联合推动人工智能的发展;二是注重吸纳企业力量,产业界与高校相互合作共同推动人工智能教育的开展;三是注重吸纳国际上的力量,积极与其他国家或外国企业合作来促进人工智能的发展。通过吸纳多种力量,发达国家发展人工智能形成了合力,推进了人工智能在高等教育领域的快速发展。

(三)对我国发展人工智能教育的借鉴

高校是人工智能发展的重要基地,对于提高各领域人工智能水平意义重大。我国高校和科研院所在人工智能的发展中有着强大的实力,但与国外高校的人工智能发展水平相比,我国高校人工智能教育起步晚,实力相对较弱。国务院印发的《新一代人工智能发展规划》明确提出我国人工智能三步走的战略,到2030年,我国要成为世界主要人工智能创新中心。为了落实政府大力发展人工智能的部署,亟待提高人工智能在高等教育领域的发展水平,需要积极研究借鉴发达国家促进人工智能发展的主要举措。

1.动员多种力量推动人工智能在高等教育的多方布局

为了迅速提升我国的人工智能在高等教育领域的发展水平,借鉴发达国家的经验,我国要动员多种力量,形成推动在高等教育领域积极布局人工智能的合力。要动员高校的力量,建设人工智能学院和人工智能专业,促进人工智能交叉学科的发展;要借用企业的力量,我国存在着一些高水平的人工智能企业,这些企业有着大量高水平的人工智能人才和很强的人工智能科研水平,为了迅速提高我国高校人工智能的人才培养和科研水平,大力推动高校与企业的合作是条捷径;要借助国际力量,通过与国外高水平大学和企业合作办学,快速提升我国人工智能人才培养和科研水平[22]。

2.加大人工智能人才的培养力度

与我国人工智能产业的大规模发展相适应,我国亟需大量人工智能人才,但是当前我国的人工智能人才数量有限,总体素质偏低,远远不能适应我国人工智能产业发展的需要。迫切需要大力提高高等教育人工智能人才的培养能力,加大人工智能人才的培养规模,提升人工智能培养水平,为我国人工智能产业大规模发展培养大量高层次人才。

3.组建人工智能联合研究机构

组建人工智能联合研究机构对于集聚现有的研究力量,形成人工智能研究的合力,短时间迅速提升人工智能科研水平具有重要意义。我国高校在人工智能科研方面与发达国家相比起步晚、底子薄,整合现有多方研究力量,联合组建人工智能研究机构是迅速凝聚人才的道路选择。例如,可整合我国研究人工智能的顶尖院校和高水平研究机构,建设中国人工智能研究院,以促进我国人工智能科研水平的迅速提升。

4.大力推动高校与企业的合作

推动高校与企业合作是发达国家推动人工智能发展的重要经验。推动高校与企业在人工智能方面合作,我国已经取得了一些进展,下一步应该加大力度,积极促进高校与高水平人工智能企业的合作,加强双方在人工智能人才培养和产品研发方面的水平,尤其要在已经形成的几个人工智能产业聚集区大力促进高校与人工智能企业之间的合作。

5.建设高水平人工智能实验室

人工智能实验室是发达国家推动人工智能高级人才培养和科研的重要基地,早在20世纪50年代,发达国家就建立了人工智能实验室,成为人工智能高级人才培养和科研的摇篮。我国在人工智能实验室建设方面已经远远落后于发达国家,清华大学智能技术与系统国家重点实验室是现在唯一以人工智能命名的国家重点实验室。为了推动人工智能的人才培养和科研创新,必须大力建设高水平人工智能实验室,增加人工智能国家重点实验室的数量,全面提升人工智能实验室的水平。

第三节　中国人工智能发展产业链布局

一、中国人工智能产业发展格局与趋势

(一)引言

人工智能是引领未来发展的战略性技术,是新一轮科技革命和产业变革的重要驱动力量,已经成为国际竞争的新焦点和经济发展的新引擎,在支撑供给侧结构性改革、打造高质量的现代经济体系、促进社会进步等方面发挥着越来越重要的作用。当前,中国人工智能技术创新日益活跃、产业规模逐步壮大、应用领域不断拓展,取得了阶段性成效。

(二)人工智能产业发展现状

1.人工智能技术浪潮层叠引发产业时代变革,新兴业态的涌现不断激活社会发展新动能

20世纪70年代,以钢铁、电力及重型机械等为代表的技术革命将人类社会带入"钢铁和电时代";20世纪三四十年代以来,世界范围内蓬勃兴起的信息技术革命使信息的传递手段发生了根本性的变革,突破了人类大脑及感觉器官加工处理信息的局限性,加快了信息传输的速度,缩短了信息的时空范围;20世纪末至21世纪初是信息技术革命的高峰期,互联网产业蓬勃

发展,产业规模迅速扩大,产业结构不断优化,催生头部公司踏上数字化转型之路;承载极大的计算力的人工智能技术成熟,人工智能在企业系统中的应用提升了基础设施和整体生产力,催生了一系列传统软件服务商的数字转型,为市场带来了巨大的进步。每一次科学技术的革命都从根本上增强着人类加工、利用信息的能力,进而带动了整体产业的发展,催生产业结构变革,扩大了产业规模,引领全社会的发展与变革[23]。

2. 新技术带来开创性经济变革,加速创造市场规模增量

自21世纪以来,加速演进的世界新一轮科技革命和产业革命为培育经济增长新动能、实现动力变革提供了重要的历史机遇。新一代信息技术可以通过"产业机制"和"赋能机制"推动我国经济发展的动力变革,助力关联产业壮大及赋能其他产业。一方面,随着社会进步,全球经济逐渐从第一产业向第二、三产业转移,高附加值的产业将成为经济主流。数字化和智能化的巨大突破提升了公司的经营管理效率,重塑公司的业务逻辑,进而推动了信息技术行业由通用性向细分长尾领域扩展。数字经济已经成为中国经济发展不可或缺的重要组成部分。另一方面,科技革命和产业变革赋能传统产业,加快各行各业数字化进程。

高新技术凭借超强的融合渗透力打破行业边界并将产品和服务延伸至其他领域,从而实现跨行业领域的市场融合。新一代信息技术通过渗透于信息通信技术(ICT)行业以外的其他行业部门并提升其全要素生产率,为宏观经济增长提供支撑。

3. 行业深度智能化迎来新要求,人工智能国家战略重要性逐步凸显

人工智能是引领这一轮科技革命和产业变革的战略性技术,具有溢出带动性很强的"头雁"效应。人工智能将如同产业信息化普及一样,渗透于各个行业,开启新时代的经济增长新引擎。然而传统行业在长期的发展中积累下深厚的知识储备,简单地使用计算机视觉技术或者语音识别等人工智能单点技术将无法满足行业深层次的智能化要求。因此,能够充分融入行业专家知识能力的人机协同成了人工智能新阶段下的发展方向。

人机协同能够同时服务于生产者和消费者。一面是专家,一面是用户,专家通过行业知识的输入,以人的长板补充机器的短板,从而更好地服务消费者。同时人工智能既可以取代机械性的、简单的、无创意需求的劳动,又

能够对人的能力进行增强,从而协助专家作出更精准、更清晰和更理性的判断。人机协同正在成为解决行业深度融合的重要方式。

人机协同的理念在美国人工智能研究和发展的战略地位进一步提升。人类与人工智能合作将成为改变社会运转方式的新趋势。美国提出的发展战略计划关注未来,聚焦人工智能的人机协同系统开发,补充和增强人的能力边界,意图将人机协同系统打造成人工智能实力扩充的重要一环。

二、人工智能面临的机遇与挑战

(一)产业机遇

1. 人工智能领域技术能力全面提升为人机协同奠定基础

随着大数据、云计算、互联网、物联网等信息技术的发展,以深度神经网络为代表的人工智能技术飞速发展,人工智能领域科学与应用的鸿沟正在被突破。图像分类、语音识别、知识问答、人机对弈、无人驾驶等人工智能技术能力快速提升,技术的产业化进程得以开启,人工智能迎来爆发式增长的新高潮。机器在人工智能技术的应用下,在"视觉""听觉""触觉"等人体感官的感知能力不断增强。

人工智能技术能力的不断成熟使得机器能够实现越来越人性化的操作。人工智能技术能力的全面提升为人机系统的能力实现奠定了坚实的基础。人机协同包含三个依次演进的层次,分别为人机交互、人机融合、人机共创。人机协同发展的第一阶段是人机交互层面。人工智能技术的突破赋予机器视觉、听觉和触觉等综合的感知能力,也提升了机器的认知和决策能力。人工智能技术的成熟为顺畅的人机协同提供可能。机器通过视觉感知、听觉感知、文字感知等技术,实现人机交互的过程。

2. 计算能力提升与数据资源累积为人机协同能力发展提供基础支撑

人工智能技术得以商业化主要得益于计算能力的提升与数据资源的累积。芯片处理器的技术迭代、云服务普及以及硬件价格下降使得人工智能算法的计算总成本大幅下降。传统的面向通用计算负载的 CPU 架构无法完全满足海量数据的并行计算需求,在人工智能使用 CPU 进行训练与推理后,由于同时调用数以千计的计算核心,人工智能的计算能够实现 10~100 倍吞吐量,大幅加速人机协同产业的发展进程。人工智能算法性能决定着人机协同智能水平,所以计算性能的大幅提升将为人机协同提供重要的基础支撑。

数据是人工智能产业发展的另一重要基础要素。未来将是万物互联的时代,物联网产业的快速发展将产生海量数据。伴随着云计算、大数据、物联网等技术产业的快速发展,数据流量增长速率正在不断加快,人工智能可以获得体量庞大的学习素材,有助于提升人机协同的智能水平。

3. 人工智能战略地位凸显,行业政策支持力度大

人工智能是国家战略的重要组成部分,是未来国际竞争的焦点和经济发展的新引擎。人工智能的逐步成熟将极大拓展其在生产生活、社会治理、国防建设等各个方面应用的广度和深度,并形成涵盖核心技术、关键系统、支撑平台和智能应用的完备产业链和高端产业群。目前世界主要国家均把发展人工智能作为提升国家竞争力、维护国家安全的重大战略,加紧出台规划和政策,围绕核心技术、顶尖人才、标准规范等强化部署,力图在新一轮国际科技竞争中掌握主导权。

(二)产业挑战

1. 人工智能对复杂问题的处理能力仍与人类水平有差距

虽然经过数十年的努力,智能安防、智能机器人、自动驾驶、智慧医疗、无人机、增强现实等领域都出现了各种形态的人工智能应用,但是人工智能依然面临着很多技术性挑战,距离完全还原人类智能还存在很大的差距。同时,由于缺乏标签数据、大规模训练数据获取成本高、部分应用场景出于保密考虑存在数据隔离限制等问题,导致数据不能共享也无法形成闭环,技术进步分散在不同项目和应用场景,难以带动行业整体跨越。

2. 人工智能社会属性使产业发展面临社会风险和挑战

在人工智能产业快速发展、迅速应用的过程中,同样面临着潜在的社会风险和挑战。隐私、安全、公平、伦理等问题日益引起人们的关注。以人工智能大数据为代表的现代信息技术与人类生产生活高度融合。全球数据爆发增长,海量聚集,大数据发展日新月异,对经济社会发展产生了非常深远的影响。与此同时,在全球化的人工智能时代,以人工智能、大数据为代表

的新型数据安全风险日益凸显,尤其是侵害消费者隐私、网络诈骗等事件,给公民的信息和财产安全造成严重威胁。预计未来各国对相关影响版权、数据监管和隐私保护将会陆续推出相关政策法规加以规范,并加强相关领域监管。

3.人工智能前沿技术产业化落地考验产业链发展

目前,许多人工智能前沿技术仍然缺乏从产品到规模化应用的工程化经验。人工智能技术的应用涉及新型基础架构、数据分析流程以及智能硬件部署等。每一个环节都可能会影响识别效果,将技术从实验室扩展到工业化应用的过程本身就是很大的挑战。人工智能行业虽然市场容量广阔,但也存在落地场景较为分散复杂、各场景成熟度差异较大的特点,目前较为成熟的细分领域竞争相对充分,其他市场尚处于开拓深化阶段,预计未来产业链上下游生态平台、系统集成商、解决方案提供商等不同类型企业竞争和合作关系将出现交错,随着行业场景深度结合方向的选择呈现分化态势。

三、人工智能产业发展趋势

(一)以技术为核心的"人机协同生态圈"将成为未来智能产业发展新模式

在深度学习技术开启的人工智能第一发展阶段,单点技术的革新在市场中快速形成小型的技术应用闭环,技术为驱动的商业模式快速形成。计算机视觉、自然语言处理、语音处理等人工智能核心技术领域的突破开启了全球智能时代的新浪潮。以计算机视觉为例,门禁、考勤、人证核验、刷脸支付等场景问题在活体检测、行人重识别、动作识别等计算机视觉技术的应用后能够快速高效地被解决。然而未来随着人工智能技术在场景中应用的不断深化,单一技术实现的技术闭环难以满足复杂场景下的智能化需求。人们对于智能算法的能力要求持续升高,核心技术能力的研发难度开始加大。

一方面以人为本的理念成为人工智能新阶段的发展重点,人类的行业知识和经验判断成了智能产业发展的重要组成部分。另一方面拥有核心技术实力的企业通过持续的技术积累能够支撑起未来人工智能核心技术的攻关突破。因此,具有把人类知识与机器能力完美融合的人机协同操作系统成为未来人工智能产业发展过程中实现人机交互、人机融合与人机共创的重要基石。这需要未来的人工智能企业不仅需要拥有强大的技术能力,同时还需要通过人机协同的方式深度渗透于场景,从而制定出适用性强的解决方案,触达客户深层次需求。

工智能行业内的技术引领者,通过构建"人机协同生态圈"的方式,集成多维度的人工智能技术能力,聚拢行业内的专家,实现综合型能力的输出。在商业价值层面,"人机协同生态圈"的建设将成为人工智能时代的流量入口,大企业提供技术能力输出,生态圈企业与行业专家共同参与共建生态。通过网络状的生态结构,人工智能的能力得以规模化释放,人与机器共同创造价值,最终达到人机协同生态模式的平衡。

（二）融合专家能力和机器能力的"纵向深耕"将是人工智能行业赋能的关键

目前,人工智能已在金融、医疗、教育、零售、工业、交通、娱乐等诸多领域进行智能化的渗透。在智能变革的趋势下,传统行业纷纷开始探索如何与人工智能结合应用。随着传统产业的智能化实践逐步深入,行业中深层次的知识和经验尤为重要。简单的人工智能技术叠加将不再能满足用户的智能化预期。例如,在医疗领域的主要矛盾是稀缺的专家资源与海量的病患需求。以前完全人工专家诊断的方式效率很低,大量的患者将无法得到有效的救治。同时由于机器缺乏人工的经验,如果仅单独地使用人工智能技术,诊断将会产生不可控的风险。人机协同则通过融合专家能力与机器能力,将医疗专家的知识技能模型化、自动化,自动判断分析90%以上诊疗信息,使得医疗专家集中处理10%的关键性问题,大幅提升医疗专家的服务能力。

智能化场景是人工智能在产业化实践过程中的最根本体现,未来人工智能产业将更加深入地渗透于场景,切实解决客户场景的业务问题,形成以综合技术能力为核心的场景应用闭环,从而扩大智能场景的市场规模量级。算力、算法、数据是构筑起当前人工智能时代的基础三要素,而在场景智能化应用的过程中,行业知识将成为新时代下人工智能的第四大要素。人类专家的知识将是开启社会从弱人工智能时代向强人工智能时代的钥匙。未来的人工智能企业不仅需要拥有强大的技术能力，同时还需要通过人机协同的方式深度渗透于场景，从而制定出适用性强的解决方案，触达客户深层次需求。

（三）以开放平台为载体的"横向延展"将是未来人工智能实现产业化的方向

未来，人工智能产业将逐步向工业化迈进。标准化的产品、规模化的生产、流水线式的作业将是人工智能实现产业化的发展方向。企业在行业实践中的大量人机协同经验沉淀将通过开放平台扩散至更多行业。既拥有行业知识又拥有智能。

"开放、共享"将成为下一阶段人工智能产业发展的关键词。开放创新平台的建设可以更好地整合行业技术、数据及用户需求等方面的资源，以普惠应用的方式细化产业链层级，助力人工智能产业生态的构建。中小型人工智能企业能够依托开放平台，集中资源和力量，打造自身的核心竞争力。传统领域的企业能够借助开放平台的技术能力，快速实现行业的智能化转型。"开放、共享"的创新发展模式将提升人工智能技术成果的扩散与转化能力，促进中国人工智能产业形成以开放平台为核心的智能生态圈。

未来大量的长尾行业场景需要借助人机协同技术实现快速的智能化部署，大幅提升行业内部智能化体系的建设效率。智能行业的引领者则通过建设开放平台的商业模式实现人机协同技术能力的快速行业横向延展。开放平台的建设者利用开放平台实现技术能力的快速分发，实现大规模的裂变式资源释放，从而获得超额收益。软件开发商、硬件开发商、渠道供应商等生态伙伴则会围绕开放平台获得低成本的人工智能技术支持，在生态的基础上衍生出更具创造性的行业应用。

四、我国人工智能产业链分析

人工智能产业链主要有基础层、技术层。在基础层，计算技术得到广泛的运用，为人工智能技术的实现和人工智能应用的落地提供基础后台保障；人工智能技术层，主要有语音识别、计算机视觉、深度学习领域；人工智能应用非常广泛，目前金融、汽车、健康、安防、教育等领域都有涉及。

（一）基础层分析

基础层关注的主要是数据与芯片。数据方面，其价值主要体现在算法训练、数据挖掘与分析两个方面，人工智能算法的发展必须依赖海量数据；数据挖掘与分析方面，主要是从海量数据中挖掘出高价值信息，并将信息应用于对决策系统的支持，以此能够对问题提出最优决策方案。目前，AI 产业的数据主要来源于自有数据、第三方数据、业务合作方数据。随着 AI 技术应用场景不断增多，技术上也会逐步在不违背监管政策的基础上，打破信息孤岛，实现数据互联互通。但是，目前国内对数据采集的监管机制还不够完善，如何强化数据采集规范，合法收集与使用数据应受到各界的重视。人工智能产业链基础层主要是芯片与传感器。芯片方面，对 AI 芯片的需求来自训练、云端、终端推断，因而可分为通用类、云端、终端 AI 芯片。

对于芯片的应用场景，从功能维度看，AI 芯片主要用于支持训练与推理环节，训练是通过海量数据训练算法，使算法具备某项能力；推理则是运用训练完毕的模型，通过新数据使计算机推断出相应结论。从应用场景维度看，AI 芯片应用包括安防、智能手机、云端数据中心等。总体来讲，我国芯片技术发展相对滞后，国内也尚未诞生具有国际竞争力的芯片巨头。但随着各家有实力的互联网公司、通信技术厂家进入人工智能行业，以及对 AI 芯片投入的不断增多，我国也会迎来快速发展期。

（二）技术层分析

技术领域"看"，主要有计算机视觉、语音识别、自然语言理解与机器学习等。

1.计算机视觉

"看"是人类与生俱来的能力，计算机视觉就是让机器代替人眼识别、跟踪以及测量目标。计算机视觉主要是建立先验知识库，并对事物局部特征进行提取，建立特征索引，实现对物体的准确识别。

在传统基于算法的人脸识别中，即便将颜色、纹理、局部特征等多个因素考虑在内，准确率也只能达到 95% 左右，而利用深度学习的方法，准确率可提升至 99.5%，从而使得该技术可应用于金融、安防等领域。国内在该领域出现了一大批优秀公司，如商汤科技、旷视科技、云从科技、海康威视等，在社会各领域的应用场景也不断扩充,除相对成熟的智能安防外,还应用于金融领域的人脸识别、无人车的视觉输入、VR、AR 等。现阶段,国内计算机视觉技术主要集中在产业链中下游,多为技术提供层和场景应用层,且研究范畴集中在人脸与图像识别方面。

2. 语音识别

语言是人类交流最简洁的方式,如何让机器像人类一样"听"和"说",是 AI 领域研究的一大重点。语音识别就是利用信号处理与识别技术让机器听懂和识别人类的语言,进而转化为文本与命令,应用领域包括语音助手、智能电视、智能家电等。随着技术的不断发展,语音处理的功能日益强大,限制条件也持续减少,由小词汇量到超大词汇量、由单语种到多语种混杂、由安静环境到嘈杂环境。国内在语音识别方面较为知名的公司包括科大讯飞、思必驰、云知声等。现阶段,语言识别领域面临的挑战主要在于降噪、方言口音识别以及视觉结合三方面。

3. 自然语言处理

对于智能机器来讲,是否可以理解人类表达意思并作出适当回应,是衡量其智能化的关键指标,自然语言处理也就成为 AI 领域的核心技术之一。自然语言处理主要是让机器能够理解人类所用文本词汇的含义,以及该词汇在语句和篇章中的意思。最初自然语言处理技术被应用于机器翻译,但与人工翻译相比,机器翻译只能机械地翻译每个单词的意思,在语法、词义理解方面存在误差。自然语言处理技术的准确性取决于数据量的多少,随着大数据、深层、浅层学习技术的发展,使得机器翻译效果得到提升。此方面的应用主要包括信息检索、自动问答、机器翻译等,在该领域,国内较为知名的公司包括搜狗、腾讯、华为等。

4. 机器学习

机器学习就是让机器模拟人脑学习的神经网络,机器学习是一种生成算法的算法,主要方法包括回归算法、神经网络、推荐算法、降维算法等,机器学习技术应用领域主要包括数据中心、公共安全、压缩技术等。目前,国内在该领域的公司有第四范式、寒武纪等。

（三）我国人工智能领域面临的机遇与挑战

1. 挑战

我国 AI 领域发展面临以下几个方面的挑战，一是 AI 人才匮乏，基于 AI 技术的复杂性，目前国内从事该领域研究的人员数量较少，且现有人才都是理工科，鲜有人文学科的人才，由此可能导致 AI 领域创新受限；二是数据平台存在信息孤岛，AI 技术的发展需要以大量数据算法训练为基础，但目前国内缺乏统一的 AI 数据平台，在信息时代，数据资源是公司最为宝贵的资源之一，很难实现共享，如腾讯、淘宝，二者分别拥有国内最大的社交与购物数据，但此部分数据是企业安身立命之本，很难对外共享，由此使得数据碎片化与孤岛化态势明显；三是易引发社会问题，智能机器会代替部分人工工作，当企业引入机器后，必然会导致一部分工人失业，对社会安定造成一定威胁；四是部分行业规则不完善，如无人驾驶方面，若发生交通事故，责任如何划分等，还处于热议之中。

2. 机遇

我国 AI 领域发展机遇体现在以下几个方面：一是国家战略层面的大力支持，国家陆续颁布多个文件对 AI 发展进行支持，使中国 AI 发展处于良好的政策环境中。同时，国家还在财政、技术攻关、基地平台建设、税收优惠等方面为 AI 发展提供助力。二是数据资源丰富为技术开发提供助力，经过多年发展，我国储备了海量数据，为深度学习等技术用数据训练、分析提供"燃料支持"。三是学科建设稳步推进，在科教兴国战略的支撑下，我国高校与各大 AI 企业建立合作关系，为国家 AI 事业培养高端人才。同时，我国与国外部门机构有合作，引入国际最新的 AI 技术与服务。

（四）我国人工智能领域未来发展趋势

1. 政策环境与行业规范日渐完善

近年来，尽管国家陆续颁布多个 AI 相关文件，对技术发展提供助力，并对行业进行规范，但相比技术产品市场，AI 政策法规建设依然处于相对滞后的态势。AI 涉及技术众多、覆盖行业广泛，若缺乏必要的规范，一方面会导致产品质量低下，影响整个行业的发展，另一方面也会导致不法分子以"AI"的旗号生产违规产品，甚至违法犯罪。在未来的发展中，国家必然会进一步颁发关于 AI 行业的政策文件,从而优化行业环境。与此同时,技术标准也会陆续出来,以规范 AI 产品与应用,确保产业的健康稳定发展。

2. 产业协同能力增强,聚焦效应日益显著

基础领域出现了诸如寒武纪、地平线、西井科技等企业;技术方面,商汤、云从科技、旷视科技等深耕机器人视觉领域,科大讯飞、搜狗等在自然语言处理方面占据国际领先地位,腾讯、华为等在机器学习、云计算方面具有优势;行业应用方面,在无人驾驶、智能教育、智能金融、智能机器等领域均涌现出一批优秀企业。在未来发展方面,国内 AI 产业链条的协同性、关联性将不断增强。同时,国内一些经济发达地区人工智能产业的聚焦效应也日益显著,如北京 AI 企业数量居全国之首,构建了以领军、高成长、初创企业协同发展的业态;上海则立足金融优势,大力推进芯片、类脑智能等方面的发展。

3. 涌现出更多新产品与新应用

近年来,随着 AI 技术的高速发展,在金融、教育等多个领域得到应用,进一步改变着人们的生活。我国人口基数庞大,消费市场多元,随着 AI 与各行业的融合,将会产生更多的产品与应用,激发更为广阔的市场前景。在未来一段时间里,基于 AI 技术的产品将会不断增多,甚至是颠覆某个行业,如智能教育领域,将会对整个教育行业造成影响,淘汰落后产品、产能。对于企业来讲,应当具有全局战略思维,思考 AI 可能对行业的影响,及早布局,实现与 AI 技术的融合。

第七章　人工智能关键共性技术发展现状及趋势

人工智能是一门交叉学科,由控制论、计算机科学、神经生理学、语言教育学、哲学、心理学、数理逻辑等多个学科领域互相渗透而成,主要研究如何应用计算机的软硬件来模拟人类决策判断行为。目前,人工智能技术已经在计算机视觉、知识图谱、虚拟现实/增强现实、生物特征识别等多个领域取得一系列实用性的成果,并广泛应用于金融身份认证、监控安防、教育、智能客服、物流、医疗等行业。

第一节　人工智能关键共性技术概述

一、计算机视觉技术基本概念与发展历史

计算机视觉,也称机器视觉,是涵盖神经生理学、计算机科学、数学、信号处理和神经生物学等领域的综合学科,目标是正确表达和理解环境,核心问题是研究如何组织接收到的图像,准确识别物体和场景,正确解释或阐述图像内容。

计算机视觉技术的工作原理是利用图像采集设备代替人眼,将采集到的物体图像变换为数字图像格式,再用计算机代替人脑对图像进行分析(以摄像机代替人眼、计算机代替人脑对事物进行认识和思考),实现对目标的分割、分类、识别、跟踪、判别、决策等功能。计算机视觉技术包括图像增强、图像平滑、图像编码传输、模式识别和图像理解等技术。

一个完整的计算视觉系统主要由三个层次构成:图像知识层、图像特征

层和图像数据层。图像知识层关注如何将所得到的图像特征"翻译"为描述其内容的语义信息;图像特征层即图像信息的获取,涵盖范围非常广泛,既包括形状、颜色空间位置等与像素信息直接相关的底层图像特征,也包括更接近图像语义描述的各种统计学特征及频域纹理特征,或者是描述图像分布的全局特征及某目标区域的局部特征等;图像数据层处理的是像素级的数据信号,包括图像获取与传输、图像压缩、降噪等技术。

典型的计算机视觉应用系统主要由图像采集、光学成像系统、数字化模块或数字图像处理、智能决策模块等子部分构成。

计算机视觉技术主要经历四个发展阶段:20 世纪 50 年代,计算机视觉被归类为模式识别领域;20 世纪 60 年代,麻省理工学院正式开设计算机视觉课程,标志着计算机视觉技术研究体系的最终形成;20 世纪 80 ~ 90 年代,在逻辑学和知识库推理的支持下,计算机视觉识别系统演变成专家推理系统;21 世纪初,计算机视觉领域逐渐引进深度学习、卷积神经网络、循环神经网络等算法,图像识别率不断提升。计算机视觉与计算机图形学的相互影响日益加深,基于图像的绘制成为研究热点,高效求解复杂全局优化问题的算法快速发展[24]。

21 世纪以前,全球计算机视觉技术专利申请量比较平稳,此后几年增长快速,全球专利申请量急速上升,这可能得益于以下几点:一是深度学习算法和传感器技术的发展,以及神经网络技术等新方法的广泛运用。二是相关应用领域的急剧扩张,特别是计算机视觉技术已超过人类水平。值得注意的是,目前全球专利申请量仍处于上升状态,并未达到巅峰值,表明计算机视觉技术并没有达到技术鼎盛时期,仍有很大的发展潜力。

中国、美国、世界知识产权组织、欧洲和韩国是全球前五大计算机视觉技术知识产权申请国,中国位居首位且遥遥领先其他国家(组织),占全球专利申请量的半壁江山,其次为美国,占 1/5。这也表明,中国既是技术创新水平较高的国家,又是各国申请人最为重视的市场。

中国计算机视觉技术专利申请起步较晚,但在较强的研发基础和实力的推动下,专利申请量增长迅速。主要原因在于:一是国内相继颁布的利好政策,有力地促进计算机视觉技术的研发和应用,相关企业不断涌现,推动着国内计算机视觉技术行业火热发展。二是国际上大数据资源为计算机视觉算法模型源源不断地提供素材,CPU 的出现使得运算能力大幅提升,有助于推动计算机视觉技术快速发展。

二、知识图谱关键技术概述

知识图谱以结构化的形式描述客观世界中实体、概念及其关系,将散落在网络各个角落的知识碎片表达成更接近人类认识世界的形式、提供一种更高的管理、组织和理解互联网海量信息的能力。目前,知识图谱主要应用于大数据分析与决策、知识融合、语义搜索、智能问答等领域,已经成为互联网智能化发展的核心驱动力之一。

(一)知识表示与建模

海量的互联网知识并未以人类和客观世界存在的各种关系而相互连接,而客观世界特别是人类世界存在的各种各样的常识性关系(父母兄弟、春夏秋冬、潮汐涨落、亲朋好友等)又恰恰是人工智能的核心。知识表示就是将客观世界存在的常识性关系转换成计算机能够存储和计算的结构或模型,为计算机类人智能的实现打下基础。

MII AI 实验室的 R. 戴维斯(R. Davis)认为,知识表示主要具有以下五种用途或特点:计算机可识别的客观世界的指代(A KR is a Surrogate)、描述客观世界的概念和类别体系(A KR is a Set of Ontological Commitments)、一个可智能推理的模型(A KR is a Theory of Intelligent Reasoning)、一种高效计算的数据结构(A KR is a Medium for Efficient Computation)和一个人类表述的媒介(A KR is a Medium of Human Expression)。

(二)知识表示学习

知识图谱技术将客观世界简化为实体、概念及其关系,实体就是客观存在的事物,概念则是对相同属性实体的概括和抽象。知识表示学习是知识图谱语义链接预测和知识补全的重要方法,它将实体和关系表示为稠密的低维向量,并在分布式表示后,高效地实现语义相似度计算等操作。知识表示学习能够大幅提高对实体和关系的计算效率,有效缓解知识稀疏,实现异质信息融合,对于知识库的表示、构建和应用意义重大,也是研究人员关注和研究的热点方向。

（三）实体识别与链接

实体识别与链接主要是使用深度学习、数据挖掘和统计技术从网页中提取各种类型的实体，比如人名、地名、商品等，并将这些实体链接至现存知识图谱中。命名实体识别是指识别网页中的指定实体：人名、专有名词、商品名称、地名和机构名称等。

（四）实体关系学习

实体关系学习，也称关系抽取，是针对网页文本内容，自动检测与识别出客观世界中实体与实体之间所存在的错综复杂的联系或语义关系。关系抽取的重要作用是为知识图谱构建过程的多种应用提供支持，具体表现为：一是大规模知识图谱的自动构建。二是为信息检索和智能问答系统提供支持。三是提高自然语言理解的性能和正确率，搭建从简单自然语言处理技术到真正语言理解应用间沟通的桥梁，以及改进实体链接、机器翻译等自然语言处理领域诸多任务的性能。

（五）事件知识学习

事件是发生在某个特定时间点或时间段、某个特定地域范围内，由一个或者多个角色参与的一个或者多个动作组成的事情或者状态的改变。也可以简单地认为，事件是促使事物状态和关系改变的条件。事件识别研究的是如何从网络文本中抽取事件相关信息（时间、地点、任务、发生的事情或状态的改变），并结构化地呈现出来。事件识别研究的核心概念有：一是事件提及。网页文件对事件的描述，可能存在不同的描述版本，或分散于不同的网页文档、网络位置等。二是事件触发器。最能代表事件发生的动词或名词。三是事件变量。时间、地点、人物等组成事件的核心变量。四是变量角色。事件变量在事件中的角色定位。五是事件类型。由事件触发器和事件变量所决定的事件类别。事件检测与追踪旨在将网络新闻按照事件进行分类，将网络新闻分割为事件、发现新的事件和追踪以前事件的最新进展，为新闻监控提供核心技术，方便用户了解新闻的历史及最新发展。

（六）知识推理

随着实践的不断发展和知识图谱研究的不断深入，人们发现知识图谱存在以下两个问题：一是知识图谱不完备。二是知识图谱存在错误的关系。其中，前一个问题会产生无应答现象，而后一个问题则会给出错误的答案。为解决上述问题，需要对知识图谱的推理进行较为深入的研究。知识图谱的推理是指基于现存的知识图谱推导出新的实体间的关系，大致可以分为基于符号的推理、实体关系学习法和模式归纳法三种。

（七）语义搜索和智能问答

传统搜索技术主要是以关键词、网页链接结构和倒排索引等为搜索依据。比如百度的传统搜索方式就是以关键词、与查询网站有链接关系的其他网站、用户点击情况等来决定最终显示出来的搜索结果。百度其实并不理解用户搜索内容的具体含义是什么，当用户搜索"上海最好喝的奶茶店"时，百度并不理解用户的真正意图，它只是机械地搜索一些包括关键词"上海""最好喝""奶茶店"的网页呈献给用户。

语义搜索则与此完全不同，它在看到用户输入的自然语言后，不再局限于尝试匹配几个关键词，而是试图透过语句字面词句解析出语句背后所隐含的用户的真实意图，据此在网络海洋中进行匹配、搜索，准确地返馈真正符合用户需求的内容。比如，搜索"上海最好的奶茶店"，百度的语义搜索功能就会解析出用户的需求（喝奶茶），向用户返馈"上海地区奶茶排行榜"符合用户需求的搜索结果。简言之，语义搜索就是借助对自然语言的理解，利用语义技术将推理结合进搜索结果，梳理清楚并勾勒出实体背后的交互关系所组成的世界，满足用户日益提高的查全率和准确率。

智能问答也需要深入分析自然语言的语义，解析出用户的真实意图，然后利用推理、匹配和搜索技术在知识图库中获得准确的答案，这一点与语义搜索技术类似。智能问答是"以直接而准确的方式回答用户自然语言提问的自动问答系统，将构成下一代搜索引擎的基本形态"。不同于语义搜索的地方在于：智能问答回复的答案不是链接形式的页面，而是精准的自然语言式答案。智能问答需要利用词法分析、句法分析、搜索、知识推理、语言生成等技术，抽取自然语言中的关键语义信息，分析出用户的真正意图，并将知识图库的答案以自然语言形式反馈给用户。

在大数据资源、计算机算法模型等人工智能技术快速发展的推动下，知识图谱技术发展趋势基本类似计算机视觉技术,未来市场发展潜力巨大。

三、虚拟现实/增强现实技术的基本概念、区别与联系

虚拟现实是指计算机和附属设备(头戴显示设备)模拟产生的虚无三维空间,体验者如身临其境般沉浸在其中,并与虚拟事物发生交互行为。虚拟现实是计算机图形学、人机交互技术、传感器技术、人工智能技术的交叉融合。虚拟现实侧重于"虚拟"和"现实":计算机所构建的三维空间及景物可能存在于现实世界,也可能是虚构的空间。在这个虚构的空间里,体验者"置身其中",操纵特殊装置,主宰周边的虚拟环境和事物,利用"投射"进入虚拟环境中,在自我实现过程中,享受着客观世界所无法实现的临场感。

增强现实是在虚拟现实技术基础上发展起来的一种新技术。增强现实技术最突出的特性体现在"增强"二字上——对真实世界的增强:将计算机所产生的虚拟场景(图片、文字、物体等)叠加到真实世界中,动态增强现实环境。虚拟世界与现实世界互相增强、互为补充,达到虚实结合、实时交互、三维注册,拓宽和增加了体验者对真实世界的感知。

增强现实和虚拟现实两者间存在着密切的联系,差别也显而易见。

(一)浸没感不同

虚拟现实技术将虚拟的体验环境与真实世界隔绝开来,让用户的听觉、视觉和感觉完全沉浸在虚拟空间中。这种体验是通过使用一种将虚拟环境与现实环境隔绝开的浸入式头盔来实现的,佩戴上这种头盔后,用户是完全看不到客观世界的。而增强现实则完全不同,增强现实致力于将虚拟空间与真实世界融为一体,用户佩戴上透视式头盔显示器,就可在对真实世界感官不变的情况下,体验被虚拟环境增强了的真实环境。

(二)"注册"含义和精度不同

"注册"是指虚拟环境与用户感官的匹配,在浸入式虚拟现实系统中,用户走进一片草原,看到一头狮子扑过来,会由远到近听见吼叫声,这其实是视觉、听觉和本体感觉之间的误差。心理学研究表明,视觉比其他感觉更真切。在增强现实系统中,虚拟物体与真实环境是完全对准的,且这种对准关系会随着用户在真实环境中位置的变换做出相应调整。

（三）逼真度提高与对硬件要求的程度不同

精确再现真实世界的虚拟现实对计算机硬件要求非常高,在现有技术水平下,逼真效果并不理想,与人的感官要求尚有一定差距;而增强现实技术则是将虚拟情景直接叠加到真实世界,虚拟场景和真实世界共存于一个空间,这就大量减少虚拟场景的架设,大幅降低对计算机图形技术的要求。

（四）应用领域不同

虚拟现实强调用户在虚拟的三维空间中的感觉、听觉、触觉和味觉的沉浸感,对用户来说,看到的场景是存在的,对于所构造的物体来说,却又不存在。因此,虚拟现实主要用于模仿高危、高成本的情景,比如医疗研究与解剖训练、军事与作战训练、城市规划等领域;增强现实并非以虚拟世界代替真实世界,而是利用虚拟的附加事物增强用户对真实环境的体验感。增强现实主要应用于远程机器人操作、精密仪器制造与维修、军事与战斗训练等领域。

四、典型的生物特征识别技术概述

生物特征识别是融合计算机科学与声学、光学、生物统计学、生物传感器等技术的交叉学科,研究目的是利用人体的生理特征(指纹、虹膜、人脸等)和行为特征(声音、步态、笔迹等)进行身份识别、认证。生物特征识别技术常用的特征模态有:指纹、人脸、虹膜、声纹、姿态和指静脉识别等。

（一）指纹识别技术

指纹是指手指末端正面皮肤上凹凸不平的纹线(乳突线),通常纹线的起点、终点、分岔点、交叉点等称为指纹的细节特征点,两枚手指纹线的总体特征(肉眼可识别的特征)可能会相同,细节特征不可能完全一样。一般来说,每个指纹能测量到的、独一无二的特征点有几十个,而每个特征点又会有 5~7 个特征,十根手指指纹图像就可以产生数千个独一无二的特征。所以,指纹特征识别是一种比较安全、可靠的身份认证技术。

（二）人脸识别技术

人脸识别技术是基于人类脸部特征信息而进行身份认证的一种识别技

术,具有与生俱来、唯一性、不易复制性和可靠性等特点,人脸识别的优点在于非接触性、非强制性和并发性。目前,主流的人脸识别理论有:基于光照估计模型理论、优化的形变统计校正理论和独创的实时特征识别理论等。常见的人脸识别算法主要有:基于人脸特征点的识别算法、基于整幅人脸图像的识别算法、基于神经网络的识别算法等。

(三)虹膜识别技术

人的眼睛外观由巩膜、虹膜和瞳孔组成,眼球外围的白色部分是巩膜,眼睛中心是瞳孔,巩膜与瞳孔之间的部分就是虹膜。虹膜是基于像冠、水晶体、细丝、斑点、结构、凹点、射线、皱纹和条纹等的特征结构形成于胎儿发育成熟阶段后,具有终生不变性和唯一性等特点。许多研究认为,生物特征识别方法中虹膜识别的错误率最低。虹膜识别技术大致可以分为以下几类:基于图像的方法、基于相位的方法、基于奇异点的方法、基于多通道纹理滤波统计特征的方法、基于频域分解系数的方法、基于虹膜信号形状特征的方法、基于方向特征的方法和基于子空间的方法。目前,业界影响力比较大的虹膜识别系统主要有 Daugman、Wildes、Boles 和中科院虹膜系统等。

(四)声纹识别技术

声纹识别技术是利用说话者嗓音、频率和语言学模式等能够表示身份特征而进行身份验证的技术。声纹识别技术的优点在于隐蔽提取、识别成本低廉、可远程验证和算法复杂度较低等,局限在于声音并不具终身不变的生理特征,易受周边环境的噪音、年龄、身体状况、情绪等因素影响,多人说话情形下较难提取。目前,声纹识别技术主要运用于安全性要求不太高的场景中,比如智能电视、智能音箱等。

第二节　人工智能关键共性技术发展现状分析

一、计算机视觉图像质量改善技术发展现状

(一)图像增强

图像增强是指利用计算机或光学设备,借助图像增强算法,通过抑制图

像中不需要的信息或噪声,增强图像对比度、层次感与细节,以及突出显示图像中的某些特性等,达到改善视觉效果,提高图像可判读性的目的。

目前,比较流行的图像增强技术有灰度变换、同态滤波、直方图修正和频域滤波。灰度变换技术的主要作用是增强图像对比度或突出显示某些特征,提高图像清晰度;同态滤波先将非线性噪声线性化,用线性滤波器抑制消除噪声后,再进行指数变换得到噪声抑制后的清晰图像;直方图修正分为直方图均衡化和直方图规定化,目的是拉开图像的灰度间距或使图像灰度均匀分布,增大反差,使图像细节更加清晰;频域滤波分高通滤波和低通滤波两种,图像中灰度级变换较缓慢部分对应于频域中的低频成分,而其边缘细节以及图像的噪声等剧烈变化的部分则对应于高频成分。采用低通滤波方法可以使图像区域更加平滑;若要增强图像边缘细节,使图像更加锐化,则应抑制图像的低频平滑部分,增强图像的高频部分。

（二）图像平滑

图像产生、传输、复制和处理过程中不可避免地会受到噪声干扰或者数据缺失,造成图像失真现象,这就需要对图像进行平滑处理,抑制干扰噪声,减小突变梯度,改善图像质量。从某种意义上来说,图像平滑的过程也是滤波的过程,甚至有平滑滤波法之说。图像滤波是在尽可能保留图像细节特征的前提下,抑制或消除图像噪声,图像滤波处理效果会直接影响后续图像处理的可靠性和有效性。一般来说,图像能量大多集中在幅度谱的低频和中频段,高频段附近有效信息经常会被噪音所掩盖住或淹没,因此,平滑滤波主要就是用滤波器降低高频成分幅度,进而抑制噪声的。平滑滤波是低频增强的空间域滤波技术,特点是模糊和降噪,最常见的滤波算法有均值滤波、中值滤波、高斯滤波和双边滤波。

均值滤波的思想很简单:先找到一个目标像素,而后以该像素周边 8 个像素的均值来代替其本身,是一种线性滤波算法。均值滤波算法对孤立点、噪声大的图像非常敏感,即便是极少数像素点与周边像素点有较大差异,也会导致平均值产生明显的波动。中值滤波的思想与均值滤波相似,区别在于不是用周边像素的平均值代替像素本身,而是用周边像素灰度值的中值进行替代,是一种非线性滤波算法。中值滤波算法能在避免孤立噪声点影响,高效滤除脉冲噪声的同时,最大可能地保证信号边缘不被模糊处理。高斯滤波被广泛应用于图像噪音消除领域,它对高斯噪声的消除尤为有效。高斯滤波的思想是将每一个像素点都用自身和周边像素点的平均值进行替换,其实质就是对整幅图像进行加权平均处理,是一种线性滤波算法。高斯滤波对消除近似服从正态分布的噪声效果较好,缺点是可能会破坏图像边缘部分。双边滤波也采用加权法对像素与其领域像素进行处理,不同于其他滤波法的地方在于,双边滤波采用的加权计算法包括两个部分,第一部分与高斯滤波相同,第二部分是基于周边像素与中心像素的亮度差值的加权。双边滤波优点在于可以做边缘保存,缺点在于对高频信息保留过多,以至于难以干净地滤除彩色图像里的高频噪声。

(三)图像编码和传输

视频设备采集的原始图像数据量都很庞大,占据很大的存储空间,就目前的通信基础设施而言,完全使用原始图像实现远程通信还不太现实。图像压缩编码就是在不失真的前提下,用尽可能少的比特数来表示图像,并能够确保复原图像的质量。随着信息技术的飞速发展,互联网已成为人们获取信息不可或缺的手段之一,这也对高质量视频、图像远程快速传输有了更多需求,对图像进行压缩编码很大一部分原因也是来自利用互联网实现高质量、高速度远程通信的要求。

原始图像数据普遍存在大量的空间冗余和时间冗余。空间冗余是指图像内各像素间是高度相关的,存在很大的冗余度,浪费很多比特数,造成图像占据较大存储空间。比如,一幅非常规则的纯红色图像,光的亮度、饱和度和颜色都一样,这幅图像就存在很大的冗余,完全可以用图像中某个像素点的值(亮度、饱和度和颜色)来代替其他像素点,实现图像压缩;时间冗余度是指在一个图像序列的两个相邻图像间或前后帧之间存在较大关联,会造成闲置比特数过多,占据存储空间。比如,从电影片段中抽取连续两张静止画面,这两张画面基本一模一样,就完全可以用一张画面数据来代替另一张画面,实现100%压缩。

数据(静止图像、视频、音频)压缩流程分四步:准备、处理、量化和编码。准备是对数据进行 D/A 转换和生成适当的数据表达信息,之后利用复杂算法对数据进行压缩处理,经过量化后,对数据进行无损压缩。图像传输就是按照一定的要求对信源和信道进行处理后,远程传输图像的过程。信源处理是指在保证图像不失真的前提下,对图像信息量进行大幅压缩,使其适应信道的带宽和传输速率要求,分为模拟处理和数字处理两种;信道处理是指在受到各种干扰的情况下,保证图像数据沿信道正常传输和正确接收,包括信道均衡、失真或差错控制和调制,调制方法有模拟调制(AM、FM)和数字调制(2FSK、QPSK、16QAM)。

(四)图像锐化

当图像获取方法存在缺陷,或者是处理数字图像过程中,平滑过渡或者传输失真造成图片质量降低、图像模糊时,可采取图像锐化的处理方法。图像锐化的目的是:一是增强灰度反差和图像边缘,使图像变得更加清晰。二是识别出目标区域或物体的边界,便于进行图像分割。图像平滑过程的均值处理会产生钝化效果,致使图像模糊。因此,可以考虑使用微分法锐化图像,让图像更加清晰。需要注意的是,图像锐化过程中,在边缘细节得到加强的同时,噪点也被加重。在实践中,为获得满意的锐化效果,往往会结合使用多种锐化处理方法。

(五)图像分割

图像分割是指把图像分割成具有特性的区域(灰度、颜色、纹理等),然后提取出感兴趣的区域(单个或多个)的技术和过程。主流的图像分割技术有:串行边界分割技术、串行区域分割技术、并行边界分割技术、并行区域分割技术和结合特定理论的分割技术等。从广义角度来讲,计算机视觉领域主要包括图片/视频识别与分析、人像与物体识别、生物特征识别、手势控制、体感识别、环境识别。计算机视觉的识别效果的提升,是通过引入卷积操作,搭建卷积深度置信网(Convolutional DBN),将深度模型的处理对象从之前的小尺度图像(32pixel × 32pixel)扩展到大尺度图像上(200pixel × 200pixel),通过可视化每层学习到的特征,演示低层特征不断被复合生成高层抽象特征的过程。深度结构模型具有从数据中学习多层次特征表示的特点,这与人脑的基本结构和处理感知信息的过程很相似。如视觉系统识别外界信息时,包含一系列连续的多阶段处理过程,首先检测边缘信息,然后是基本的形状信息,再逐渐上升为更复杂的视觉目标信息,依次递进。

二、知识图谱关键技术发展现状分析

(一)复杂关系建模

根据对实体和关系刻画的精确和稳健程度,最近几年比较流行的知识表示模型的变迁历程为:结构表示模型(SE)—单层神经网络模型(SLM)或隐变量模型(LFM)—语义匹配能量模型(SME)—张量神经网络模型(NTN)—TransE 模型,后续出现的模型对实体与关系的刻画更为准确、性能更高、效果更好,而复杂度却显著降低,是对前期模型的改进和完善。

近期提出的 TransE 模型将知识库中的关系看作实体间的某种平移向量,与众多前期模型相比,TransE 模型参数更少、计算复杂度更低、性能显著提升,而且能直接建立实体与关系间的复杂语义联系,已经成为知识表示学习的代表性模型,许多研究工作都是围绕其进行扩展和改进而展开的,以克服原始 TransE 模型的局限性。比如,TransH 模型让一个实体在不同的关系拥有不同的表示,克服 TransE 模型处理 $1-N$、$N-1$、$N-N$ 复杂关系的局限性;TransR 模型让不同的关系拥有不同的语义空间;hansD 模型和 TranSparse 模型则对 TransR 模型中的投影矩阵进行优化处理,以解决实体的一致性和不平衡性,并克服 TransR 模型参数过多问题;EansG 模型和 KG2E 模型则考虑到实体和关系本身语义上的不确定性,采用高斯分布来表示实体和关系;等等。

(二)基于深度学习的实体识别与实体链接

近几年,深度学习研究逐步深入,众多优秀的深度学习模型陆续用来解决实体识别问题,最为流行的两种用于命名实体识别的深度学习架构是 NN-CRF 架构和滑动窗口分类思想。此外,深度学习方法也是确保实体链接任务有效完成的强力工具。目前,深度学习领域的热点研究方向是如何在深度学习方法中融入知识指导、考虑多任务之间的约束,以及如何将深度学习用于资源缺乏问题的解决等。

(三)事件知识学习

事件识别和抽取、事件检测和追踪,这两者的人物对象、着眼点和技术路线差异较大。事件识别和抽取研究热点集中在基于模式匹配的方法(基于人工标注语料的方法和弱监督方法)、基于机器学习的方法(基于特征的方法、基于结构预测的方法、基于神经网络的方法和弱监督的方法)和中文事件抽取;事件检测与追踪的主流研究方法集中在基于相似度聚类和基于概率统计两类。

(四)知识推理

知识推理的研究热点集中在基于符号的并行知识推理、实体关系学习方法和模式归纳方法三个领域。基于符号的并行知识推理可细分为基于多核、多处理器技术的大规模推理和基于分布式技术的大规模推理两个研究分支;实体关系学习法可细分为基于表示学习的方法和基于图特征的方法两个研究分支;模式归纳法可细分为基于 ILP 的模式归纳法、基于关联规则挖掘的模式归纳法和基于机器学习的模式归纳法三个研究分支。

(五)语义搜索和智能问答

语义搜索牵涉到多个领域:数据挖掘、知识推理、搜索引擎、语义 Web 等,主要运用的方法是图理论、匹配算法、逻辑。新一代的主流语义搜索引擎中较为著名的有两个:Swoogle 和 Tucuxi。目前,语义搜索研究尚处于探索前行阶段,研究热点主要有引入推理和关联关系的语义搜索、语义搜索中的查询扩展、语义搜索中的索引构建等。

三、AR/VR 头戴显示设备技术发展现状

常规的 AR/VR 头戴显示设备由四种组件组成:头戴式显示设备(HMD)、主机系统、追踪系统、控制器。头戴式显示设备(HMD),俗称虚拟现实眼镜,AR/VR 效果正是由其呈现给用户。HMD 硬件通常包括以下组成部分:显示屏、处理器、传感器、摄像头、无线连接、存储/电池、镜片。前置摄像头是头戴式显示设备的必要组成硬件之一,主要功能是拍照、位置追踪和环境映射,有时用户也可以"看透"头戴显示设备,也有部分 AR 头戴显示设备采用内部摄像头来感知环境和周围目标。

AR/VR 头戴显示设备领域最重要的两项技术是图像质量提高和交互技术。图像质量提高依赖于光学系统技术的发展,也直接决定体验者视觉效

果和体验度,而交互技术则是实现人机交互,增强体验者"沉浸感"的关键保障。

(一)光学系统技术

光学系统技术主要分为瞳孔成像技术和非瞳孔成像技术两类。瞳孔成像技术发展出的两条技术路线有:偏心结构技术路线(偏心结构、自由曲面棱镜和自由曲面反射镜组三个阶段)和波导结构技术路线(全色体全息平板波导结构、表面微结构波导结构、半透膜阵列波导结构等各类光波导结构光学系统)。非瞳孔成像技术则利用半透半反镜、分光棱镜或者同时使用多个半透半反镜、分光棱镜,以减轻头戴显示设备的质量、改善成像效果,扩大光学系统的视场。

(二)眼动追踪技术

目前,AR/VR头戴显示设备交互技术主要有声音控制、手势控制、头部控制、眼动追踪等,其中眼动追踪具有准确、灵敏、对身体造成压力较少等优点,是实现人机交互技术突破的重点。AR/VR头戴显示设备眼动追踪技术有两条发展路线:接触式(眼电图法和电磁线圈法)和非接触式(双普金野图像法、虹膜巩膜边缘法、虹膜分析法、角膜巩膜反射法、瞳孔中心反射法等)。AR/VR头戴显示设备眼动追踪技术主要应用于身份识别、凸显调节和目标选择三个领域。

四、生物特征识别关键技术发展现状

目前,较为成熟的生物特征识别关键技术主要有:生物特征传感器技术、活体检测技术、生物信号处理技术、生物特征处理技术和生物特征识别系统性能评价技术等。

(一)生物特征传感器技术

生物特征传感器的主要任务是采集生物特征(指纹、声纹、步态、虹膜等),并将其转换成计算机可处理的数字信号。常见的生物特征,如人脸、步态、指纹等,由 CCD 和 CMOS 传感器就可采集到清晰图像,但要采集到细节清晰的虹膜和指静脉图像需要外加主动红外光源,而人脸识别技术则采用红外成像设备克服光照影响。主要的生物特征传感器核心技术有:智能定位技术、机械控制技术、交互接口设计、光学系统设计、信号传输与通信技术和传感器电路技术等。

（二）活体检测技术

生物特征识别系统必须具备活体识别功能，活体检测技术就是判别系统接收到的生物特征是否来自有生命的个体。活体指纹检测技术要对手指的温度、排汗性、导电性等生物存活信息进行检测判别，而虹膜识别技术则要对虹膜震颤、瞳孔对光源强度的收缩扩张反应、睫毛和眼皮运动等生物存活信息进行检测判别。此外，基于生物特征图像的光谱学信息、人机互动等都可以对生物特征的活体特性进行有效检测。目前，活体检测技术发展并不成熟，尚存在一些漏洞，如伪造的指纹和人脸图像就可攻破识别系统等，这也是生物特征识别系统在高端安全应用领域被广泛应用的最大瓶颈之一。

（三）生物信号处理技术

生物信号处理技术由生物信号质量评价技术、生物信号的分割、定位技术和生物信号增强、校准技术等组成。

1. 生物信号质量评价技术

特征识别系统采集到的生物特征信息一般以视频流和音频流的形式进行存储，由于生物特征不明显、采集环境不佳等原因所导致的采集信号质量不高问题经常存在，因此很有必要对采集到的数字信号进行质量评价，拒绝低质量的生物特征信号。目前，主要从以下几方面识别低质量生物特征信号并予以排除：增强识别算法的稳健性、采用高性能成像设备和设计高质量的质量评价软件。识别算法精度提高是有上限的，高性能采集装置价格昂贵，均不能从根本上解决问题。因此，设计质量评价软件有重要意义：质量评价软件对采集到的生物特征量化打分，按照量化指标将采集到的特征信号分为合格与不合格两类，以过滤掉不符合条件的生物特征，如模糊图像、遮挡图像、信噪比太低的信号等。

2. 生物信号定位和分割技术

定位和分割是基于生物特征方面的先验知识，比如从图像中定位并分割人脸区域。虹膜定位基于瞳孔、虹膜和巩膜间的灰度跳变，并呈圆形的边缘分布结构特征;指纹分割基于指纹和背景区域图像块灰度方差的不同;掌纹定位则是基于手指间的参考点构建坐标系。目前,最先进的人脸检测方法是用 Harr 小波特征来描述人脸模式和用 AdaBoost 来训练人脸检测分类器,以此高准确率识别视频中的人脸图像。

3. 生物信号增强和校准技术

生物特征提取前需要对感兴趣的区域进行降噪、凸显等增强处理,比如,可以采用提高分辨率、逆向滤波等方法对指纹图像予以增强;采用直方图均衡化的方法提高人脸和虹膜图像对比度。此外,校准结果对识别精度有着举足轻重的影响,不同场景采集到的生物特征信号会出现平移、尺度和旋转等变换,采集过程也需要对信号进行校准,比如,采用主动形状模型和主动表现模型进行人脸图像对齐,也有特征校准伴随特征匹配过程。

(四)生物特征处理技术

生物特征处理技术包括表达、抽取、匹配、检索等技术。生物特征识别根本在于选择身份识别特征和生物信号中最能凸显个性化差异的本质特征,就指纹识别而言,描述指纹特征的最佳表达方式是细节点——业界已经达成共识,国际上也制定有统一指纹特征模板交换标准,为不同厂商指纹识别系统间的数据交换和系统兼容性提供便利。而人脸、虹膜和掌纹等图像的特征表达形式多样(基于某种信号处理方法、某个计算机视觉或某个模式识别理论),业界尚未就其本质表达和有效表达达成共识,生物特征模板数据交换格式并未实现标准化和统一化,这也是未来需要努力研究的方向之一。生物特征识别不仅是目前正如火如荼发展的行业,同时也是在未来五年具有发展潜力的市场。

第三节　人工智能关键共性技术发展趋势及应用前景

从人工智能发展历程来看,技术突破是推动产业升级的核心驱动力,数据资源、运算能力、核心算法共同发展,掀起人工智能第三次新浪潮。人工智能产业正处于从感知智能向认知智能进阶的阶段,前者涉及的智能语音、计算机视觉及自然语言处理等技术,已具有大规模应用基础,然而后者要求的"机器要像人一样去思考及主动行动"仍尚待突破,与大规模应用依然有一定距离,需在一些关键共性技术方面加大研究力度。

一、基于学习和多视几何、分层三维计算机视觉发展趋势

(一)马尔计算视觉

马尔的计算视觉分为计算理论、表达与算法和算法实现三个层次,马尔认为算法实现对计算理论、表达与算法并不会产生什么大的影响,而且他还认为大脑的神经计算和计算机的数值计算并没有什么区别,因此,主要研究集中于计算理论和表达与算法这两部分。目前,虽然科学认为大脑的神经计算还是和计算机的数值计算很不相同,但这并未对马尔计算理论的本质属性产生什么影响。

(二)多视几何和分层三维重建

20 世纪 90 年代,两个因素促使计算机视觉逐步繁荣:一是基于计算机视觉工业化应用瞄准对精度和稳健性不太高的视频会议;二是考古视频监控等领域和多视几何理论下的分层三维重建能显著提高三维重建的精度和稳健性。

不过,鉴于三维重建所要求的惊人数据量,人工难以完成重建流程,必须实现全程自动化,以及算法和系统具有高度稳健性才行,在保证三维重建稳健性的同时,提高重建效率,这项技术在目前也是一个挑战。

(三)基于学习的视觉

在当下深度学习、智能学习、机器学习等概念大为流行的情势下,基于学习的视觉就比较好理解——以机器学习为主要技术手段的计算机视觉研究。按照理论提出时间的先后来划分,基于学习的视觉可以分为 21 世纪初期以流形学习为代表的子空间法和目前以深度神经网络和深度学习为代表的视觉方法。

(四)前端智能化、前后端协同计算和软硬件一体化

前端智能化、前后端协同计算和软硬件一体化将成为未来计算机视觉

技术发展趋势,具体作用为:一是应用场景对实时响应的高要求,将推动前端计算处理能力大幅度提升;二是前端智能与后端智能协同可满足特定场景对隐私性、实时性的要求;三是软硬件融合一体化方案是解决不同应用场景复杂问题的关键,能够在前端硬件设备上嵌入算法模型,可实现更快速、更高精度的数据处理,让用户更直接地应用视觉识别技术。

主动视觉需要研究脑皮层高层区域到低层区域的反馈机制,随着生物科学(脑科学和神经科学)技术的逐步发展,主动视觉技术与生物科学的融合发展,也是未来有可能发生革命性突破的技术发展方向之一。识别真实世界中较为复杂的图像内容的计算机视觉技术,计算机视觉技术与互联网技术、社交媒体技术等其他计算机技术的融合发展,以及深度学习和卷积神经网络给计算机视觉领域带来的革命性突破,都是未来计算机视觉技术可能实现技术突破的发展趋势。

二、知识图谱关键技术未来发展趋势

(一)知识表示学习

知识表示学习未来发展方向有:面向不同类型的知识表示学习、多源信息融合的知识表示学习、考虑复杂推理模式的知识表示学习、面向大规模知识库的在线学习和快速学习、基于知识分布式表示的应用。

(二)实体识别与链接

按照目前研究现状和发展态势,实体识别与链接未来发展方向应是:融合先验知识的深度学习模型、资源缺乏环境下的实体分析技术、面向开放域的可扩展实体分析技术。

(三)事件识别和抽取

基于神经网络的事件抽取成为研究热点,为事件抽取任务的提升带来新的契机,主要研究方向是:第一,分布抽取到联合抽取;第二,局部信息到全局信息;第三,人工标注到半自动生成语料。因此,深入研究如何在减少人工参与的情况下获得更好的事件抽取效果是未来发展趋势,而非参数化、放宽对话题数目的限制,以及多数据流共同建模,有效利用不同数据间的共同信息是事件检测与追踪方面未来可能的发展趋势。

（四）知识推理

近些年,基于符号推理和统计推理的知识推理技术已经取得很大的进展,特别是在逻辑推理方面取得一系列理论和系统上的进展,但这些知识推理技术距离实际应用尚有一定的距离,还有以下一些问题需要解决:一是知识图谱表示缺乏统一的方法和实用的工具。二是提高基于表示学习的推理精度、将更加丰富的信息形态与表示学习模型相结合、提高图特征的抽取效率、突破知识图谱的联通性壁垒以抽取更加丰富的图特征,以及设计界面友好、易扩展的模式归纳工具等。

（五）语义搜索

未来语义搜索研究方向将向以下几个方向扩展:语义搜索概念模型、语义搜索本体知识库的构建、维护与进化、语义搜索的推理机制、语义搜索的结果排序和语义搜索的原型系统实现。

三、基于智能终端的 AR/VR 和头戴设备便捷化应用前景

近几年,虚拟现实和增强现实技术已经取得显著的技术进步,在产业界普及型需求的推动下,未来发展势头强劲。AR/VR 技术的市场接受度取决于头戴设备硬件的发展。VR 技术非常注重沉浸感、交互性和构想性,沉浸感和交互性的关键在于头戴显示设备的硬件实现;AR 则注重在现实世界叠加虚拟世界,实现"虚实结合",现实技术和感知技术都是有待解决的重要问题。配备专门的 AR/VR 头戴现实设备(头盔或眼镜),缺点非常明显:头戴显示设备昂贵,很难实现大范围普及,比如 Oculus Rift(VR 设备)的消费成本约为 1 500 美元,微软推出的全息眼镜 HoloLens、索尼推出的 Morpheus 头盔、三星推出的 Gear VR 头戴设备均由于价格高昂而无法大范围推广;专用性的头戴显示设备便携性较差,应用范围和场景受到一定的局限,目前主要在非常垂直的领域和特定的场合提供 AR/VR 体验。未来,随着众多著名科技公司研发投入的增加,头戴设备的便捷化、轻量化和嵌入用户的日常生活将是一个必然的发展趋势。

智能手机终端的普及化,呼唤着基于智能收集平台的 AR App 应用软件。根据目前技术发展情况,有两种可供选择的智能手机终端 AR 体验模

式:第一,完全离线体验模式。在智能手机终端离线安装独立的 AR App,所有的 AR 功能(开启摄像头、图像识别、目标跟踪和动画渲染等)和计算需求都由手机终端来完成。这种模式的优点是实时跟踪、体验感较好;缺点是对智能手机终端硬件性能要求较高、功能受到限制,下载安装专用 App 应用推广成本也较高。第二,"云 + 端"模式。这种模式与支付宝、聚划算、QQ 等服务提供形式类似,大量计算工作在云端进行处理,使 AR 功能得以拓宽,但网络传输延迟会增加实时识别与跟踪难度,现有技术条件下无法提供优良的 AR 体验。基于移动智能终端的 Mobile Web AR 技术是解决上述发展难题,实现大规模、跨平台传播和分享 AR 技术的一个新的研究方向。

四、基于深度学习的生物特性识别多元化发展趋势

(一)生物特征识别技术多元化发展

目前,指纹识别技术以其稳定性、成熟性,一直是生物特征识别领域的热门应用,但其最大的缺陷是容易被复制,这也限制其在较高安全级别领域的大范围应用。一个明显的发展趋势是人脸识别技术与三维成像技术相结合,以克服二维成像技术因光照和姿势不稳定而造成的图像质量不佳问题,提高人脸识别的可靠性和准确率。当然,三维成像技术尚未成熟,但其卓越的识别性能已经吸引大量著名科技公司和科研机构加大研发攻关力度。

(二)多生物特征相融合技术

由于识别环境的多变性、复杂性,单一生物特征识别技术往往会遇到难以克服的棘手问题。比如,指纹识别面临高清晰度的指纹采集识别问题,冬季指纹干燥也会造成识别失败,且单一生物特征识别无法满足许多安全性要求较高的应用领域的身份认证要求。多生物特征识别技术利用多个生物特征信号,并结合数据融合技术,在提高识别准确度的同时,扩大识别系统应用范围、降低识别系统风险,是未来特征识别技术发展趋势之一。

(三)深度学习技术在生物特征识别领域的应用

深度学习技术比传统的机器学习算法有更强大的数据拟合能力,已经成熟应用于语音识别、人脸识别和计算机视觉等领域。深度学习算法需要大量的测试数据来保证测试集上的良好推广性。以人脸识别为例,传统的

人脸识别算法只有几千或几万的训练数据,而基于深度学习技术的人脸识别算法往往能拥有千万或亿万级别的训练数据。就检测任务而言,传统算法只能使用几万张图片,而基于深度学习技术的算法可以利用千万张的训练图片。此外,在如何利用多个来源的训练数据,如何利用部分标注甚至是弱标注的训练数据,以及如何让算法来负责标注甚至生成数据,都将是深度学习算法的下一步研究重点。

第八章　智慧经济应用

在我国，以经济建设为中心是兴国之要，发展仍是解决我国所有问题的关键。只有推动经济持续健康发展，才是筑牢国家繁荣富强、人民幸福安康、社会和谐稳定的物质基础。大力发展智慧制造、智慧产业，构建智慧企业，提高产品智商，有利于构建现代产业发展新体系，突破资源能源和环境对经济发展的制约。因此，大力发展智慧经济，是中国城市加快转变经济发展方式的战略举措。

第一节　智能制造和智慧制造

中国是"制造大国""世界工厂"。目前中国制造业面临土地、劳动力、原材料、资源能源等诸多因素的制约，亟待向智能制造、智慧制造转型发展。

一、国外智能制造战略

（一）德国工业4.0战略

德国制造业长期在全球处于领先地位，这在很大程度上源于德国注重创新工业技术，采用先进的工业管理工具。

德国政府在汉诺威工业博览会上正式提出了"工业4.0"战略。通过大力发展智能制造，构建网络物理系统（Cyber Physical System，CPS），进一步提高德国制造业的竞争力，在新一轮工业革命中占领先机。网络物理系统是一个综合计算机、互联网和工业设备的复杂系统，是典型的工业互联网。通过综合采用计算机、通信和控制技术，实现工业系统的实时感知、动态控制和信息服务[25]。

《中德合作行动纲要》涉及"工业4.0"合作的内容：第一，工业生产的数字化（"工业4.0"）对于未来中德经济发展具有重大意义。双方认为，该进程应由企业自行推进，两国政府应为企业参与该进程提供政策支持。第二，中国工业和信息化部、科技部与德国联邦经济和能源部、联邦教研部将以加强此领域信息交流为目的，建立"工业4.0"对话。双方欢迎两国企业在该领域开展自愿、平等的互利合作。加强两国企业集团及行业协会之间专业交流，有利于深化合作。两国政府将为双方合作提供更为有利的框架条件和政策支持。第三，"工业4.0"在世界范围内的成功取决于国际通行的规则与标准。中德两国将在标准问题上紧密合作，并将"工业4.0"议题纳入中德标准化合作委员会。双方将继续加强中德标准化合作委员会框架下的现有合作，致力于开展更具系统性和战略性的合作。双方一致决定更多关注未来领域，如电动汽车、高能效智慧能源控制/智慧家居、供水及污水处理。第四，以中国担任德国汉诺威消费电子、信息及通信博览会（CeBIT）合作伙伴国为契机，以公正、开放的贸易及产品竞争为基础，进一步深化两国在移动互联网、物联网、云计算、大数据等领域合作。

（二）美国智慧制造战略

美国智慧制造领导者联合会（Smart Manufacturing Leadership Coalition，SMLC）发布了一份题为《实现21世纪智慧制造》（Implementing 21 st Centuiy Smart Manufacturing）的工作组总结报告。

美国智慧制造领导者联合会认为，激烈的全球竞争、能源成本和供应中的不确定性以及信息技术的指数式增长，正在把工业转向敏捷、即时过程、高性能制造、新产品的加速引进。商业绩效与可持续发展、环境、健康和安全（EHS）问题越来越相关。企业可以使用智慧制造来帮助达到与这些问题有关的目标，并改善整体经济、安全和竞争力。

从工程的角度来看，智慧制造是指通过密集地应用高级智能系统，快速制造新产品，动态响应产品需求，实时优化制造生产和供应链网络。智慧制造覆盖制造的各个方面，从摄入原材料到成品交付给市场。它创建了一个知识丰富的包含一系列产品、运营、业务系统的环境，跨越工厂、配送中心、企业和整个供应链。

　　美国智慧制造领导者联合会提出了如下一些发展目标:第一,在核心制造过程中运用先进的数据分析、建模和仿真技术来降低成本;第二,降低竞争前(Pre－Competitive)基础设施的成本,包括数据和信息网络,互操作的硬件和软件,共享的业务数据;第三,建立一个行业共享的社区源平台,用户可以访问可定制的开放软件,作为一个 App 或"应用商店"以及信息交流中心(Clearinghouse),并促进创新;第四,为企业应用制造智能创建并提供宽带访问下一代传感技术和数字化基础设施(如一次性传感器、数据融合)以及为实现更高的测量精度和智能而集成不同来源数据的有线和无线网络;第五,建立国家级的智能制造试验平台或基础设施,使各种不同规模的企业都可以使用;第六,建立虚拟工厂,为物料追踪和产品溯源开发供应链管理工具,如实时仿真和可视化、虚拟测试床、动态风险分析、供应商动态参与(Dynamic Supplier Involvement);第七,在整个企业应用仪表性能工具(如关键性能指标、动态监测,关键数据的动态可视化,就像汽车仪表盘)来管理必要资源(如能源、水、空气)的动态生产、使用和储存,建立 EHS 机制,实现可持续发展[26]。

　　美国智慧制造领导者联合会提出了如下一些发展愿景:一是技术创新和经济的健康,高度集成的智慧系统,能够为有竞争力的制造物料和产品提供途径。二是敏捷(Agile)。在高度优化的制造工厂和供应网络的敏捷过程,能够对客户需求变化做出快速响应。三是资源利用效率。随时访问制造智能,使工厂更有效地运行,并最大限度地减少资源的使用。四是安全和信心。通过跟踪可持续的生产和物料的实时处理,确保产品和流程的安全性和可靠性。五是下一代劳动力(Next Generation Workforce)。制造业劳动力具有先进的技能和天赋,使制造智能的效益最大化。六是可持续发展。在制造过程中最大限度地减小对环境的影响,提高能源部、国防部、国土安全部等关键部门的可持续发展能力。

　　美国智慧制造领导者联合会确定了 4 个方面的优先行动计划:第一,在为智能制造搭建工业建模与仿真平台方面,为虚拟工厂企业创建社区平台(包括网络、软件),为生产决策开发下一代软件和计算架构工具箱,在工厂优化软件和用户界面中融入人类因素和决定,为多个行业和不同技能水平扩展能源决策工具的可用性,如能源仪表板、自动数据反馈系统、移动设备的能源应用程序。第二,在可负担的工业数据采集和管理系统方面,为所有行业建立一致、有效的数据模型,如数据协议和接口、通信标准等。开发稳定的(Robust)数据采集框架,如传感器或数据融合、机器和用户接口、数据记录和检索工具。第三,在业务系统、制造工厂和供应商企业级集成方面,通过仪表板报表、度量(Metrics)、常用的数据架构和语言等常用报告和评级方法优化供应链绩效。开发开放的平台软件和硬件以传输和集成中小企业和原始设备制造商(OEM)之间的数据,如数据共享系统和标准,常用参考架构。集成产品和制造过程模型,如软件、网络、虚拟化和实时仿真、数据传输系统。第四,在智慧制造的教育和培训方面,通过开发培训模块、培训课程、设计标准和学习者接口,加强教育和培训,不断壮大智慧制造专业人才队伍。

二、中国智能制造相关对策

国务院印发了《中国制造2025》,提出:"加快推动新一代信息技术与制造技术融合发展,把智能制造作为两化深度融合的主攻方向;着力发展智能装备和智能产品,推进生产过程智能化,培育新型生产方式,全面提升企业研发、生产、管理和服务的智能化水平。"

(一)研究制定智能制造发展战略

编制智能制造发展规划,明确发展目标、重点任务和重大布局。加快制定智能制造技术标准,建立完善智能制造和两化融合管理标准体系。强化应用牵引,建立智能制造产业联盟,协同推动智能装备和产品研发、系统集成创新与产业化。促进工业互联网、云计算、大数据在企业研发设计、生产制造、经营管理、销售服务等全流程和全产业链的综合集成应用。加强智能制造工业控制系统网络安全保障能力建设,健全综合保障体系。

(二)加快发展智能制造装备和产品

组织研发具有深度感知、智慧决策、自动执行功能的高档数控机床、工业机器人、增材制造装备等智能制造装备以及智能化生产线,突破新型传感器、智能测量仪表、工业控制系统、伺服电机及驱动器和减速器等智能核心装置,推进工程化和产业化。加快机械、航空、船舶、汽车、轻工、纺织、食品、电子等行业生产设备的智能化改造,提高精准制造、敏捷制造能力。统筹布局和推动智能交通工具、智能工程机械、服务机器人、智能家电、智能照明电器、可穿戴设备等产品研发和产业化[27]。

(三)推进制造过程智能化

在重点领域试点建设智能工厂/数字化车间,加快人机智能交互、工业机器人、智能物流管理、增材制造等技术和装备在生产过程中的应用,促进制造工艺的仿真优化、数字化控制、状态信息实时监测和自适应控制。加快产品全生命周期管理、客户关系管理、供应链管理系统的推广应用,促进集团管控、设计与制造、产供销一体、业务和财务衔接等关键环节集成,实现智能管控目标。加快民用爆炸物品、危险化学品、食品、印染、稀土、农药等重点行业智能检测监管体系建设,提高智能化水平。

(四)深化互联网在制造领域的应用

制定互联网与制造业融合发展的路线图,明确发展方向、目标和路径。发展基于互联网的个性化定制、众包设计、云制造等新型制造模式,推动形成基于消费需求动态感知的研发、制造和产业组织方式。建立优势互补、合作共赢的开放型产业生态体系。加快开展物联网技术研发和应用示范,培育智能监测、远程诊断管理、全产业链追溯等工业互联网新应用。实施工业云及工业大数据创新应用试点,建设一批高质量的工业云服务和工业大数据平台,推动软件与服务、设计与制造资源、关键技术与标准的开放共享。

(五)加强互联网基础设施建设

加强工业互联网基础设施建设规划与布局,建设低时延、高可靠、广覆盖的工业互联网。加快制造业集聚区光纤网、移动通信网和无线局域网的部署和建设,实现信息网络宽带升级目标,提高企业宽带接入能力。针对信息物理系统网络研发及应用需求,组织开发智能控制系统、工业应用软件、故障诊断软件和相关工具、传感和通信系统协议,实现人、设备与产品的实时联通、精确识别、有效交互与智能控制目标。

(六)智能制造工程

紧密围绕重点制造领域关键环节,开展新一代信息技术与制造装备融合的集成创新和工程应用。支持政产学研用联合攻关,开发智能产品和自主可控的智能装置并实现产业化。依托优势企业,紧扣关键工序智能化、关键岗位机器人替代、生产过程智能优化控制、供应链优化,建设重点领域智能工厂/数字化车间。在基础条件好、需求迫切的重点地区、行业和企业中,分类实施流程制造、离散制造、智能装备和产品、新业态新模式、智能化管理、智能化服务等试点示范及应用推广。建立智能制造标准体系和信息安全保障系统,搭建智能制造网络系统平台。

三、中国智能制造发展对策

智能制造是指制造企业广泛采用数字化、网络化、可视化、自动化、智能化的信息系统并实现集成应用,以便快速、灵活地对市场做出响应。智能制造是制造业信息化发展的高级阶段,也是生产方式变革的重要方向。制造业的智能化主要体现在以下三个方面。

(一)推进企业关键环节的智能化

企业关键环节的智能化包括研发设计智能化、生产制造智能化、经营管理智能化和市场营销智能化。

在研发设计方面,鼓励软件企业开发智能化的研发工具软件和工业设计软件,采用"共建共享"机制建设科技情报信息库、专利文献数据库、工业设计素材库等,推广计算机辅助工程(CAE)、工业仿真、3D 打印等技术,提高研发设计过程的自动化、智能化水平,进一步缩短研发设计周期。

在生产加工方面,鼓励软件企业开发智能化的工业控制软件、数控系统,推广智能控制、工业机器人、快速成型、计算机辅助制造(CAM)、网络协同制造、制造执行系统(MES)等技术,提高生产设备和生产线的智能化水平,利用物联网技术实现进料设备、加工设备、包装设备等的联网协作,打造"无人工厂"[28]。

在企业管理方面,鼓励软件企业开发智能化的管理软件。鼓励工业企业开展 ERP 和 MES 集成应用,将物联网技术应用于车间管理,实现生产管理的智能化。推广商业智能(BI)系统,鼓励企业建立知识库和知识管理系统,发展辅助决策的"仪表盘"系统,通过对企业经营过程中的各种数据进行统计分析、联机处理和数据挖掘,实现管理决策的智能化。

(二)促进企业信息化集成应用和融合创新

通过相关信息系统的综合集成应用而产生企业智能。例如,通过研发设计与生产的集成、生产与管理的集成、市场营销与研发设计的集成等,实现产供销一体化、业务与财务一体化以及集团管控一体化目标。

在企业内部信息化集成应用方面,以信息化推进研发设计与生产制造的集成、生产与管理的集成、生产与销售的集成、业务与财务的集成、总部与分支机构的集成,以实现产销衔接、管控一体,提高企业生产经营效率,降低成本,控制风险。在企业之间信息化集成应用方面,以信息化推进产业链协同,鼓励行业龙头企业与配套企业之间进行信息系统对接,相互共享设计、库存、物流等信息,以提高协同效率,降低总成本,实现即时生产目标。

(三)提高产品的智能化水平

推进产品的智能化,即在产品中嵌入电子信息技术,增强产品的功能和性能,提高产品的档次和附加值。重点发展智能化的汽车、船舶、机械装备、家居等。对于汽车工业,发展智能汽车和车联网,实现对汽车的远程控制和自动驾驶,提高安全性和便捷性。对于船舶工业,发展智能船舶、船联网、船舶识别系统(AIS)和船舶交管系统(VTS)等,保障船舶航行的安全性,提高海事管理水平。对于机械装备行业,发展高端智能制造装备,包括高档数控机床、智能工业机器人、自动化成套生产线等,发展智能仪器仪表、智能工程机械等。在家居行业,发展智能家电、智能家具、智慧家庭成套产品等。

为了更好地推进中国制造业的智能化,促进工业由大变强,需要做好如下三个方面的工作。

1. 改善智能制造发展的软环境

一是加强对智能制造的政策引导。把发展智能制造作为工业转型升级工作的重要内容,研究制定国家层面的智能制造指导意见;各地工业和信息化主管部门可以组织编制智能制造专项规划,明确本地区智能制造的发展方向和发展重点。组织制定《智能制造指导目录》,明确政策支持重点。

二是加大对智能制造的资金支持力度。技改资金、电子信息产业发展基金、中小企业发展专项资金等相关国家财政资金,以及地方政府现有各类相关财政资金,要对智能制造类项目进行重点支持;推动建立和完善以政府投入为引导,企业投入为主体,社会投入为重要来源的智能制造多元化投融资体系。

三是加强智能制造人才队伍建设。建立智能制造人才分类指导目录,多形式、多渠道引进智能制造专业人才;鼓励国内研究型大学、科研院所与地方政府、工业企业、软件企业加强合作,联合培养多层次的智能制造专业人才。鼓励智能制造领域的海外高端人才回国创业或加盟国内企事业单位;邀请智能制造成效显著的企业负责人作为主讲人,现身说法,对其他企业负责人进行培训。

2. 完善智能制造公共服务体系

发展智能制造装备,夯实智能制造基础。着力突破智能测控等一批核心关键技术,促进相关技术产业化。结合技术改造工作,在工业企业逐步推广智能制造设备。建设一批面向智能制造的机械装备制造业基地、智能制造装备技术和工程研究中心,形成发展智能制造装备的有效载体。

通过整合智能制造相关产学研资源,组建智能制造产业联盟。建设一批市场化运作的智能制造服务平台,或对现有两化融合服务平台进行升级,集聚一批高水平的智能制造专家,为工业企业提供智能制造共性技术研发、方案设计、系统实施、专业培训、咨询诊断等服务。

通过举办智能制造方面的会议、展览,为智能制造领域的产品或服务提供商与工业企业对接创造条件。优先支持产品或服务提供商与工业企业联合申报智能制造类项目,促进智能制造供需对接。

3. 开展智能制造试点示范工作

开展区域智能制造试点示范工作。选择一批制造业基础好,两化融合推进工作扎实,新一代信息技术产业快速发展的地区,作为智能制造示范区,为其他地区发展智能制造提供先进经验和技术输出;鼓励地方工业和信息化主管部门开展智能制造试验区创建工作和智能制造试点示范工程建设工作。

开展行业智能制造试点示范工作。选择机械装备、汽车、船舶、家电等重点行业,围绕产品智能化开展智能制造试点示范工作;选择节能环保、新一代信息技术、生物、高端装备制造、新能源、新材料、新能源汽车等战略性新兴产业,围绕研发设计智能化开展智能制造试点示范工作。

开展企业智能制造试点示范工作。研究制定智能制造评价指标体系,遴选一批智能制造示范企业;实施智能制造试点示范工程,组织企业申报智能制造试点示范项目。

智能制造业是先进制造业的重要内容。中国制造业要实现转型升级,向产业链高端跃进,使"中国制造"走向"中国智造",必须大力发展智能制造。随着物联网、云计算等新一代信息技术的快速发展,我国信息化与工业化正进入深度融合阶段,大力发展智能制造业将成为我国制造业突破发展瓶颈、实现转型升级的重要途径。

第二节　智能制造技术

一、3D 打印

3D 打印是一种以计算机数字化模型为基础,运用粉末状金属或塑料等可黏合材料,通过逐层打印的方式来构造物体的技术,是增材制造(Additive Manufacturing)的主要实现形式。

与传统的"去除型"制造不同,"增材制造"不需要原胚和模具,能直接根据计算机图形数据,通过增加材料的方法制造出任何形状的物体,简化产品的制造程序和工艺,缩短产品的研制和生产周期,提高生产效率,降低生产成本。

目前主要有 6 种 3D 打印技术。

(一)3DP 技术

通过将液态联结体铺放在粉末薄层上,以打印横截面数据的方式逐层创建各部件,创建三维实体模型。

(二)FDM 熔融层积成型技术

将丝状的热熔性材料加热融化,同时三维喷头在计算机的控制下,根据截面轮廓信息,将材料选择性地涂敷在工作台上,快速冷却后形成一层截面。一层成型完成后,机器工作台下降一个高度再成型下一层,直至形成整个实体造型。本技术成型件强度、精度较高,适用于小塑料件。

(三)SLA 立体平版印刷技术

以光敏树脂为原料,通过计算机控制激光按零件的各分层截面信息在液态的光敏树脂表面进行逐点扫描,被扫描区域的树脂薄层产生光聚合反应而固化,形成零件的一个薄层。一层固化完成后,工作台下移一个层厚的距离,然后在原先固化好的树脂表面再敷上一层新的液态树脂,直至得到三维实体模型。该方法成型速度快,自动化程度高,主要应用于复杂、高精度的精细工件快速成型。

(四)SLS 选区激光烧结技术

通过预先在工作台上铺一层粉末材料,然后让激光在计算机控制下按照界面轮廓信息对实心部分粉末进行烧结,层层堆积成型。该方法制造工艺简单,材料选择范围广,成本较低,成型速度快,主要应用于铸造业直接制作快速模具。

(五)DLP 激光成型技术

使用高分辨率的数字光处理器(DLP)投影仪来固化液态光聚合物,逐层地进行光固化。该方法成型精度高,在材料属性、细节和表面光洁度方面可匹敌注塑成型的耐用塑料部件。

(六)UV 紫外线成型技术

利用 UV 紫外线照射液态光敏树脂,一层一层由下而上堆栈成型,通常应用于精度要求高的珠宝和手机外壳等行业。

英国《经济学人》杂志在《第三次工业革命》一文中,把 3D 打印技术作为第三次工业革命的重要标志之一。目前,3D 打印技术在汽车、医疗卫生、服装鞋帽、食品、航空航天等行业都得到了应用。

1. 汽车行业

传统的汽车制造是生产出各部分然后再组装到一起,而 3D 打印机能打印出单个的、一体式的汽车车身,再将其他部件填充进去。

2. 医疗卫生行业

在医疗卫生行业,可以采用 3D 打印技术制造人造器官、人造骨骼、假牙、假肢等。

3. 服装鞋帽行业

在服装鞋帽行业,可以采用3D打印技术生产比基尼、时装、鞋子、帽子、裙子等。

4. 食品行业

3D打印技术可以用来制作个性化的食品。世界上第一台3D巧克力打印机问世。这款桌面级3D巧克力打印机,虽然构造简单,但极富创造性。它为那些热衷于体验新技术的用户提供了新鲜的趣味体验。

5. 航空航天领域

在航空航天领域,3D打印技术可以用来制造无人机、天文望远镜等。

6. 社会制造

社会制造是指利用3D打印、网络制造等技术,通过众包等方式让社会公众充分参与产品的研发设计和生产制造过程,是一种个性化、实时化的生产模式。社会制造将促进传统企业向能够主动、实时地感知并响应用户大规模定制需求的智慧企业转变,把社会需求与企业制造能力有机衔接起来,从而有效地实现供需对接。

二、工业机器人

推进工业机器人的应用和发展,对于改善中国工人劳动条件,提高产品质量和劳动生产率,带动相关学科发展和技术创新能力提升,促进产业结构调整、发展方式转变和工业转型升级具有重要意义。

机器人很早之前就屡屡出现在人类的科幻作品中,20世纪中叶,第一台工业机器人在美国诞生。如今,随着计算机、微电子等信息技术的快速进步,机器人技术的开发速度越来越快,智能化程度越来越高,应用范围也得到了极大的扩展。机器人在工业、家庭服务、医疗、教育、军事等领域大显神通。人与机器人,正在改变世界。

(一)什么是机器人

机器人是指由仿生元件组成并具备运动特性的机电设备,它具有操作物体以及感知周围环境的能力。

对于机器人的分类,虽然国际上没有统一的标准,但一般可以按照应用领域、用途、结构形式以及控制方式等标准进行分类。按照应用领域的不同,当前机器人主要分为两种,即工业机器人和服务机器人。20 世纪 80 年代国际标准化组织对工业机器人进行了定义:"工业机器人是一种具有自动控制的操作和移动功能,能完成各种作业的可编程操作机。"按用途进一步细分,工业机器人可分为搬运机器人、焊接机器人、装配机器人、真空机器人、码垛机器人、喷漆机器人、切割机器人、洁净机器人等。作为机器人家族中的新生代,服务机器人尚没有一个特别严格的定义,各国科学家对它的看法也不尽相同。其中,认可度较高的定义来自于国际机器人联合会(International Federation of Robotics,IFR)的提法:"服务机器人是一种半自主或全自主工作的机器人,它能完成有益于人类健康的服务工作,但不包括从事生产的设备。"我国在《国家中长期科学和技术发展规划纲要》中对服务机器人的定义为:"智能服务机器人是在非结构环境下为人类提供必要服务的多种高技术集成的智能化装备。"服务机器人可细分为专业服务机器人、个人/家用服务机器人。

(二)工业机器人产业应用成熟并稳步增长

工业机器人是最典型的机电一体化数字化装备,技术附加值很高,应用范围很广。作为先进制造业的支撑技术和信息化社会的新兴产业,将对未来生产和社会发展起着越来越重要的作用。自全球金融风暴过后,市场复苏使得机器人行业恢复好转,全球机器人行业增长态势延续,市场规模不断扩大,各国政府和跨国企业在机器人行业投资活跃。

我国的工业机器人产业从 20 世纪 80 年代起步至今已有几十年,如今产业发展到了何种程度? 又有哪些特点呢?

1. 市场规模急速扩大

自 21 世纪以来,我国经济下行压力进一步加大,企业面临超出预期的困难和挑战。受国内外经济的综合影响,同时随着我国劳动力成本的快速上涨,人口红利逐渐消失,工业企业对包括工业机器人在内的自动化、智能化装备需求快速上升。

2. 自主品牌机器人未成规模化

随着《中国制造 2025》及其重点领域技术路线图的发布和发改委、财政部、工信部等三部委《智能制造装备创新发展工程实施方案》的出台,以及工信部智能制造试点示范专项行动等政策的实施,中国机器人市场前景广阔,国际机器人巨头纷纷加入中国市场,国内市场竞争加剧,发展壮大我国自主品牌机器人已成为当务之急。

3. 应用领域不断延伸

随着国家层面出台的《工业和信息化部关于推进工业机器人产业发展的指导意见》《原材料工业两化深度融合推进计划》《民爆安全生产少(无)人化专项工程实施方案》等相关政策不断推进落实,以及地方政府出台的相关推进举措,工业机器人的应用领域从目前的汽车、电子、金属制品、橡胶塑料等行业,逐渐延伸到纺织、物流、国防军工、民用爆破、制药、半导体、食品、原材料等行业。

4. 服务机器人产业还处于起步阶段

服务机器人的出现时间稍晚于工业机器人,20 世纪 90 年代才正式登上历史舞台。从目前发展状况来看,全球服务机器人尚处于起步阶段,市场化程度不高,但由于受到简单劳动力不足及人口老龄化等刚性驱动和科技发展促进的影响,服务机器人产业发展非常迅速,应用范围也在逐步扩大。服务机器人按照其应用领域划分,主要包括个人/家用服务机器人和专业服务机器人两大类。其中,个人/家用服务机器人主要包括教育机器人、扫地机器人、娱乐机器人、残障辅助机器人等;专业服务机器人主要包括国防机器人、野外机器人、医疗机器人、物流机器人等。目前世界上已经有 20 多个国家涉足服务型机器人开发。在日本、北美和欧洲,迄今已有 7 种类型计几十款服务型机器人进入实验和半商业化应用。在服务机器人领域,发展处于前列的国家中,西方国家以美国、德国和法国为代表,亚洲以日本和韩国为代表。

随着"人工智能"时代的到来,发达国家纷纷将服务机器人产业列为国家的发展战略。我国也陆续出台相关政策,将服务机器人作为未来优先发展的战略技术,重点攻克一批智能化高端装备,发展和培育一批产值超过 100 亿元的服务机器人核心企业。其中,公共安全机器人、医疗康复机器人、仿生机器人平台和模块化核心部件等四大任务是重中之重。在政策的大力支持下，我国服务机器人产业正在快速扩张。

三、我国机器人产业发展趋势

研发能力进一步增强。国内工业机器人起步较晚，目前已初步形成产业化，也诞生了一些实力雄厚的标杆企业，但总体研发创新能力落后于世界先进水平，与国际先进制造强国差距仍较明显。要打破技术壁垒降低成本、突破重点产品向中高端制造迈进，还需要加强人才队伍建设，投入更多的研发力量和时间精力。

（一）智造升级势不可挡

随着国内劳动力人口增长趋缓，劳动力占总人口的比例也在迅速下滑，未来将面临劳动力短缺的状况，人口红利也将随之消失。目前最有效的方法就是进行制造业的自动化升级改造。在政府的大力扶持和传统产业转型升级的拉动下，机器人概念或将持续火爆，市场参与热度继续上升。

（二）服务机器人或将赶超

当下人口老龄化加剧和劳动力成本飙升，其他社会刚性需求增多，在这样的背景驱动下，服务机器人的普及成为必然。另外，在这个新兴行业，中国与发达国家差距较小，结合本土文化开发特色需求场景，可获取竞争优势。因此，服务机器人产业具有更大的机遇与空间，或将成为未来机器人制造业的主力军，市场份额不可估量。

（三）扶持政策将趋于规范

国内机器人产业因政府利好政策和极具潜力的市场空间引来大量跟风资本，存在过热隐患，为缓解机器人行业盲目扩张和"高端产业低端化"的趋势，政府将进一步规范完善鼓励扶持体系，助力市场有序化形成，促进机器人行业良性稳健发展。

第三节　智慧产业

一、内涵分析

智慧产业是指数字化、网络化、信息化、自动化、智能化程度较高的产业。智慧产业是智力密集型产业和技术密集型产业，而不是劳动密集型产业。与传统产业相比，智慧产业更强调智能化，包括研发设计的智能化、生产制造的智能化、经营管理的智能化、市场营销的智能化。

智慧产业的一个典型特征是物联网、云计算、移动互联网、大数据等新一代信息技术在产业领域的广泛应用。大力发展智慧产业，是推动信息化与工业化深度融合的重要举措，是推进中国产业转型升级的重要途径。

智慧产业是指直接运用人的智慧进行研发、创造、生产、管理等活动，形成有形或无形智慧产品以满足社会需要的产业，是教育、培训、咨询、策划、广告、设计、软件、动漫、影视、艺术、科学、法律、会计、新闻、出版等智慧行业的集合，是高端服务业。智慧产业的外延大于创意产业的外延，创意只是智慧的一种，是创新智慧。除此之外，还有发现智慧和规整智慧，如科研、出版等。这里所指的智慧产业不仅包括高端服务业，而且包括高端制造业，如先进制造业。

与智慧产业相关的概念是"知识经济"。知识经济是以知识为基础的经济形态。在知识经济时代，知识成为一个独立的生产要素，并且是在生产过程中最重要的生产要素。智慧产业是知识经济时代的主导产业。

二、发展现状

工业和信息化部、科技部、财政部、商务部、国资委联合印发了《关于加快推进信息化与工业化深度融合的若干意见》，把"智能发展，建立现代生产体系"作为推动两化深度融合的基本原则之一。该意见提出，把智能发展作为信息化与工业化融合长期努力的方向，推动云计算、物联网等新一代信息技术应用，促进工业产品、基础设施、关键装备、流程管理的智能化以及制造资源与能力的协同共享，推动产业链向高端跃升。

工业和信息化部发布《物联网"十二五"发展规划》,在重点领域应用示范工程中提出"智能工业",在生产过程控制、生产环境监测、制造供应链跟踪、产品全生命周期监测、安全生产和节能减排等领域应用物联网技术。

目前,物联网、云计算、移动互联网等新一代信息技术已在一些产业领域得到应用。例如,物联网技术在产品信息化领域应用,出现了物联网家电等新产品。无锡第一棉纺织厂利用物联网技术对产量、质量、机械状态等9类168个参数进行监测,并通过与企业ERP系统对接,实现了管控一体化和质量溯源,提升了生产管理水平和产品质量档次。北京市计算中心建成了每秒浮点运算能力达到100万亿次的工业云计算平台,提供Ansys、Fluent、Abaqus、BLAST、Gromacs等20余种工业软件,已成功应用于北京长城华冠汽车公司的汽车碰撞仿真、中国京冶工程技术有限公司的钢结构虚拟装配仿真、北京生命科学研究所的生物计算研究等项目。

三、发展对策

(一)推广物联网、云计算等新一代信息技术

一是推进物联网技术在工业领域的应用。在汽车、船舶、机械装备、家电等行业推广物联网技术,推动智慧汽车、智能家电、车联网、船联网等的发展。通过进料设备、生产设备、包装设备等的联网,提高企业产能和生产效率。在供应链管理、车间管理等领域推广物联网技术。利用物联网技术对企业能耗、污染物排放情况进行实时监测,对能耗、COD(化学需氧量)、SO_2等数据进行分析,以便优化工艺流程,采取必要的措施。

二是推进云计算技术在工业领域的应用。鼓励企业在工业设计、工业仿真等方面应用云计算技术,以提高研发设计效率,降低研发设计成本。鼓励第三方SaaS平台运营商向云服务平台运营商转型,支持一批优秀的管理软件提供商建设云服务平台。鼓励中央企业、大型民营企业集团对数据中心进行升级改造,为企业信息化规模扩展和应用深化提供支撑。

(二)推进产品智能化

一是把电子信息技术"嵌入"到产品中,提高产品的技术含量,使产品数字化、网络化、智能化,增强产品的性能和功能,提高产品的附加值。例如,

在汽车、船舶、机械装备、家电、家具等产品中集成由电子元器件、集成电路、嵌入式软件等构成的信息系统。

二是从产品设计到产品使用的整个产品生命周期采用信息化手段。在产品设计阶段,采用三维数字化设计软件、工业设计素材库、计算机仿真等手段。在产品制造阶段,采用数控机床、制造执行系统(MES)、工业机器人等手段。在产品管理方面,采用产品数据管理(PDM)系统、产品生命周期管理(PLM)系统、产品质量管理系统等。在产品使用阶段,利用物联网技术对产品运行情况进行远程监测,对故障进行远程诊断,并将产品缺陷信息反馈到设计和制造部门,以便不断改进产品的质量和性能。

(三)推进节能减排和安全生产领域的智能化

一是推进双高行业节能减排的智能化。对于钢铁、有色金属、石化、建材等高能耗、高污染行业,重点发展绿色智能制造,推广变频节能技术,建立智能化的能源管理中心,实现生产工艺流程优化的智能化,促进本行业的节能减排。

二是推进高危行业安全生产的智能化。对于煤炭、铁路、民用爆炸物、船舶、航空、核电等,重点发展智能化的在线监测和预警系统,实现对设备的运行参数以及温度、压力、浓度等运行环境参数的在线自动监测,当超过设定阈值时系统能够自动报警,并自动采取相应的安全措施。

(四)分类指导,推进各行业智能化

对于食品、医药、化工等流程型行业,重点发展全自动生产线、工业机器人、在线检测等技术,实现生产控制、产品检测的智能化。对于机械装备、汽车、船舶等离散型行业,重点推广高级排产系统(APS)、MES 系统等,建设智能化的供应链管理系统,实现生产计划管理、供应链管理的智能化。

第四节　智慧企业

一、内涵与特征

智慧企业是指生产经营智能化水平较高的企业,是企业信息化发展的高级阶段。随着物联网、云计算、大数据等新一代信息技术的快速发展,智慧企业逐步兴起。与传统企业相比,智慧企业具有学习和自适应能力,能够灵敏地感知到企业内外环境变化并快速做出反应。

　　智慧企业是智慧产业的主体。只有一个产业的大部分企业发展到智慧企业阶段,这个产业才可以算作智慧产业。因此,构建智慧企业,对于推动信息化与工业化深度融合,促进工业转型升级具有重要的意义。

　　在知识经济时代,企业竞争力在很大程度上取决于企业的知识积累、管理和运用知识一般通过学习获得。智慧企业是典型的学习型企业。在智慧企业中,每个领导和员工都可以通过网络进行电子学习(e‑Learning)。通过建立企业知识库和知识管理系统,每个领导和员工都可以获得与自身岗位相关的知识。

　　人类有视觉、触觉、听觉、嗅觉等,能够看见、触摸、听到、闻到周边的环境。类似地,通过应用互联网、物联网等信息采集技术以及企业竞争情报系统,智慧企业能够灵敏地感知到外部和内部环境的变化。例如,采集到原材料市场价格数据,就可以分析出原材料市场价格波动情况和走势,进而知道企业自身原材料成本的变化。又如,利用 RFID 等物联网技术,可以获取企业仓库进出货数据,进而知道企业库存的变化情况。

　　目前,市场经济正从"大鱼吃小鱼"时代步入"快鱼吃慢鱼"时代。对市场的反应速度关乎企业的生存和发展。就像人类看见障碍物会绕开一样,当智慧企业了解到市场变化情况后,能够快速地做出反应。利用信息化手段,企业可以对市场经营风险进行预警,及时调整经营管理策略,提高企业市场竞争力。例如,通过数据挖掘等手段,当发现原材料市场价格出现上涨势头时,就根据生产需要提前多采购一些储备起来;当根据销售数据发现某种款式的衣服销量大,销售速度快时,就多生产这种款式的衣服。

　　智慧企业发展的初级阶段主要表现在研发设计、生产制造、经营管理、市场营销等方面,各个关键环节单项应用的智能化程度较高。智慧企业发展的高级阶段则表现在信息化综合集成应用的智能化程度较高,企业拥有"数字神经系统",能够快速感知市场变化并做出有效反应。

　　智慧企业是企业信息化发展的重要趋势。在知识经济时代,构建智慧企业是提高企业综合竞争力、推动商业模式变革的重要方法。有关政府部门应把"构建智慧企业,发展智能制造"作为推动信息化与工业化融合、促进工业转型升级的重要内容。

二、发展对策

要建设智慧企业,关键是通过信息化手段提高企业的感知能力、反应速度和管理决策智能化水平。

一是加强企业信息化集成应用。建立企业竞争情报系统,广泛收集政策、市场需求、竞争对手情况等方面的信息。要促进部门之间、集团总部和分支机构之间、产业链上下游企业之间的信息共享,减少信息不对称现象。加强对销售数据、客户数据的挖掘,及时调整市场营销策略。

二是推广应用新一代信息技术。在研发设计、生产制造、经营管理、市场营销等企业关键环节推广应用物联网、云计算等新一代信息技术,发展智能制造,缩短产品研发设计周期,提高劳动生产率,提高上下游企业协作效率。

三是提升企业管理决策的智能化水平。鼓励企业实施商业智能(BI)系统,发展辅助决策的、图形化的"仪表盘"系统,通过对企业经营过程中的各种数据进行统计分析、联机处理和数据挖掘,实现管理决策的智能化。

四是提高领导干部和员工的综合素质。鼓励企业开展 e – Learning,根据岗位职责设置建立知识库,实施知识管理系统,使企业知识不断积淀,领导干部和员工可以在更高的基础上进行工作,开展技术创新、产品创新和管理创新。

三、新一代信息技术在小微企业中的应用

近年来,物联网、云计算、移动互联网、大数据、3D 打印等新一代信息技术飞速发展,改变了小微企业信息化建设模式,促进了小微企业信息化创新应用。

(一)物联网应用情况

目前,物联网技术在小微企业的生产制造环节、经营管理环节以及产品信息化、促进节能减排和安全生产方面得到了应用。

在生产制造环节,物联网技术已被应用于产品缺陷实时检测、生产设备运行实时监控、生产设备故障在线诊断等领域,提高了小微企业的生产自动化、智能化水平。

在经营管理环节,物联网技术已被应用于物流管理、车辆监控、仓库管理等领域,提高了小微企业的进货出货管理效率,降低了库存盘点差错率,节省了人力资源成本。

在产品信息化方面,物联网技术已被应用于机械装备、家电、箱包、玩具等产品,成为智能装备、智能家电、智能箱包、智能玩具的核心技术,提高了产品的技术含量和附加值。

在信息化促进节能减排方面,物联网技术已被应用于纺织、建材、化工、造纸等"高能耗、高污染"行业,实现了对企业能耗和污染物排放情况的动态监控。

在信息化促进安全生产方面,物联网技术已被应用于五金、化工等行业,对危险品存放环境进行实时监控,有效减少了事故的发生次数,避免了人员伤亡和资产损失。

此外,物联网技术还被一些小微企业应用于门禁、安防等领域。

(二)云计算应用情况

在工业设计、管理软件应用等方面,一些小微企业已经开始应用云计算技术,并取得了良好的效果。云计算服务平台降低了小微企业信息化门槛。在以前,小微企业信息化普遍面临缺人才、缺资金、缺技术问题:由于企业规模、地理位置、薪酬待遇等方面的原因,小微企业难以招聘到优秀、高端的信息化专业人才;由于资金规模小、融资难等方面的原因,小微企业往往难以拿出大笔资金开展信息化建设;由于人才、资金等方面的限制,小微企业自行开发信息系统的难度很大。目前,国内出现了一批面向小微企业的云服务平台。小微企业不再需要一次性投入几十万购买硬件设备和软件,无须自行组织技术力量开发信息系统,而只需每年交几千元的服务费。应用软件由云服务平台提供商统一维护、统一升级,降低了小微企业对信息化专业人才素质和数量的要求。

SAP、用友、金蝶、CAXA 等软件提供商已经向云服务提供商转型,阿里巴巴、百度等大型互联网企业也为小微企业提供云服务。与此同时,一些地方中小企业主管部门也在支持中小企业信息化服务平台建设。

(三)移动互联网应用情况

近年来,中国智能手机、平板电脑等智能终端保有量快速提高,3G、4G无线网络覆盖率快速提高,为小微企业应用移动互联网创造了良好的条件。目前,电子商务、微博营销、微信营销、App 成为小微企业开拓市场、扩大产品销路的重要手段。

由于小微企业负责人随身带手机,平时用手机的时间远多于用电脑的时间。一些小微企业已开始应用移动版的信息系统和 App,因而为原信息系统开发移动接口,使小微企业负责人可以随时掌控企业经营状况。

(四)大数据应用情况

由于小微企业自身数据量小,对自身数据的挖掘不是大数据。但目前一批理念先进的小微企业已通过购买阿里巴巴、百度等大型互联网企业的大数据分析结果来应用大数据。通过大数据分析,小微企业可以掌握市场行情,发现客户需求规律,对客户进行细分,开展精准营销。例如,阿里巴巴推出了"数据魔方"。通过购买数据魔方提供的数据服务,淘宝商家可以通过分析行业内热销商品,热卖店铺买家信息等,进行品类管理、定价、定向营销;从品牌、产品、属性的角度分析热销商品;通过分析行业的热词榜,及时更新关键词,优化标题引流量;了解店铺整体运营情况,分析顾客流失原因。

(五)3D 打印应用情况

3D 打印是一种以计算机数字化模型为基础,运用粉末状金属或塑料等可黏合材料,通过逐层打印的方式来构造物体的技术。与传统的"去除型"制造不同,3D 打印无须采用原胚和模具,能直接根据计算机图形数据,通过增加材料的方法制造出任何形状的物体,简化产品的制造程序和工艺,缩短产品的研发设计和生产制造周期,提高企业生产效率,降低企业生产成本。目前,工艺品、医疗器械、服装鞋帽、玩具等行业的一些小微企业已经开始应用 3D 打印技术。

(六)新技术条件下推进小微企业信息化的对策建议

国务院印发了《国务院关于扶持小型微型企业健康发展的意见》,提出

"建立支持小型微型企业发展的信息互联互通机制,大力推进小型微型企业公共服务平台建设"。

中小企业信息化推进工程自实施以来,取得了令人瞩目的成就,有力地促进了中国中小微企业健康成长。建议深入实施中小企业信息化推进工程,推动"互联网+小微企业"发展,具体如下:

1. 开展新一代信息技术应用推广活动

针对小微企业,组织开展新一代信息技术应用培训。通过培训,小微企业负责人了解新一代信息技术的商业价值;小微企业信息化部门了解如何把物联网、云计算、移动互联网、大数据、3D打印等新一代信息技术应用到企业生产经营过程中,构建智慧企业。聚合市场化的中小企业信息化服务机构,组织举办新一代信息技术应用方面的展览会、推介会、研讨会等,促进新一代信息技术产品和服务的供需对接。

2. 发展小微企业云服务

《国务院关于扶持小型微型企业健康发展的意见》提出"利用大数据、云计算等现代信息技术,推动政府部门和银行、证券、保险等专业机构提供更有效的服务;大力推进小型微型企业公共服务平台建设"。建议支持传统企业应用软件提供商建立市场化运作的、基于云计算的小微企业信息化服务平台,为小微企业提供进销存管理、产品数字化设计、专利检索分析等服务,并创新商业模式。支持专业的云计算公司、大型互联网企业为小微企业提供云计算、云存储、云网站、云安全等服务。支持事业单位性质的中小企业服务机构(如各地的中小企业服务中心),依托云计算平台为小微企业提供服务。对符合条件、应用效果明显的小微企业云服务平台,优先纳入国家级中小企业公共服务平台。

3. 发展面向小微企业的移动互联网应用

与传统互联网相比,移动互联网更适合小微企业。应大力发展移动电子商务、微博营销、微信营销、App等基于移动互联网的商业应用。支持电信运营商、管理软件公司、培训机构等各类中小企业服务机构开发为小微企业提供服务的App。鼓励小微企业委托专业软件公司开发自己的App,以弥补传统企业网站的不足。小微企业市场是一片"蓝海",电信运营商应抓住机遇,推出实用、便捷的移动互联网产品。

《国务院关于扶持小型微型企业健康发展的意见》提出："依托工商行政管理部门的企业信用信息公示系统,在企业自愿申报的基础上建立小型微型企业名录,集中公开各类扶持政策及企业享受扶持政策的信息。"建议利用工商登记部门掌握的数据,建立全国小微企业名录数据库,整合各类扶持小微企业发展的政策信息,组织开发小微企业"政策通"App,让小微企业负责人第一时间知道政府部门最新出台的小微企业扶持政策。

4. 发展面向小微企业的大数据服务

随着社交媒体、电子商务等的兴起,互联网用户产生了大量数据,这些数据对小微企业生产经营来说是很有价值的。仅对企业内部数据进行分析已不能满足需求,小微企业必须打破数据边界,借助大数据分析来了解更为广阔的企业运营全景图。

从调研情况来看,在精准营销、流程优化、工艺改进等方面,小微企业对大数据服务的需求很大。为此,应在保护个人隐私的前提下,支持专业的大数据服务提供商、大型互联网企业为小微企业提供大数据服务,提供便捷、实用的大数据分析工具软件,帮助小微企业发现商业机会,分析客户购物行为。

5. 建立小微企业信用信息系统

《国务院关于扶持小型微型企业健康发展的意见》提出："通过统一的信用信息平台,汇集工商注册登记、行政许可、税收缴纳、社保缴费等信息,推进小型微型企业信用信息共享,促进小型微型企业信用体系建设。"为此,建议在全国小微企业名录数据库的基础上,建立小微企业信用档案,归集小微企业信用记录,建立全国小微企业信用数据库、全国小微企业信用信息平台、全国小微企业信用信息网,实现小微企业信用信息全国联网。以工商注册号为唯一标识,把纳税、用工、产品销售、服务提供等方面的信用信息"串"起来,建立小微企业从"注册"到"注销"的全生命周期信用管理制度,开展针对小微企业的信用联合激励和联合惩戒工作,促进小微企业减信经营,构建诚信企业。

<h1 style="text-align:center">第五节 智能产品</h1>

产品技术含量低是中国制造业发展的短板,也是造成我国资源短缺和环境污染问题的原因之一。例如,出口 8 亿件衬衫才能换回一架波音飞机。创造同一数量的社会财富,如果产品技术含量低,就要消耗更多的资源,同时造成的污染也更大。因此,提升产品的信息化和智能化水平,加快产品升级换代,使产品从中低端市场走向高端市场,是中国制造业转型升级的重要途径。

一、内涵分析

产品信息化是信息化与工业化在产品层面的深度融合。目前,对产品信息化有两种理解。狭义的"产品信息化"是指产品自身的信息化,也就是把电子信息技术"嵌入"到产品中,提高产品的技术含量,使产品数字化、网络化和智能化,增强产品的性能和功能,提高产品附加值。例如,在汽车、船舶、机械装备、家电、家具等产品中集成由电子元器件、集成电路、嵌入式软件等构成的信息系统。广义的"产品信息化"除了产品自身的信息化外,还包括从产品设计到产品使用整个产品生命周期采用信息化手段。

工业和信息化部信息化首次提出了"产品信息化指数"。他把产品信息化指数作为衡量产品信息化、智能化水平的工具,用于衡量产品中信息通信技术应用的水平,以及由此而带来的改进产品使用效能的水平。

二、发展现状

(一)产品本身的信息化情况

目前,已经有很多产品实现了信息化,而且逐渐从数字化、网络化向自动化、智能化方向发展,如汽车、船舶、机床、工程机械、家电等。

从历史上看,几十年来每一次汽车技术的进步,都离不开汽车电子技术的应用。在一些豪华轿车上,使用单片微型计算机的数量已超过 50 个,电子产品占到整车成本的 70% 以上。防抱死系统(ABS)、弯道制动力控制

（CBC）、刹车辅助系统（EBA）、急速防滑系统（ASR）、电子稳定程序（ESP）等汽车电子控制装置,提高了汽车驾驶的安全性。车载导航系统、音响及电视娱乐系统、车载通信系统等车载电子装置提高了汽车驾驶的舒适性和便利性。

船用电子产品是船舶中技术含量和附加值比较高的部件,如通信导航设备、船舶测量控制设备。为了提高船舶航行的安全性,许多船舶还配备了驾驶台航行值班报警系统、电子海图显示与信息系统、船舶自动识别系统、全球海上遇险和安全系统、船舶保安报警系统等。

机械产品应用嵌入式软件后,就成为数控机械。与传统机械产品相比,数控机械的价格高出 20% ~40%。作为机电一体化装备,数控机床集高效、柔性、精密、复合、集成等诸多优点于一身,已成为当前装备制造业的主力加工设备和机床市场的主流产品。

我国大型工程机械企业普遍应用物联网、嵌入式软件、GPS 等技术来提高工程机械产品的信息化水平,基本实现了对工程机械产品的远程监控、检测和诊断,为工程机械行业向服务型制造业转型奠定了基础。

智能家电就是微处理器和计算机技术引入家电设备后形成的家电产品,具有自动监测自身故障、自动测量、自动控制以及自动调节与远方控制中心的通信等功能。随着物联网、3G、三网融合等一系列技术的成熟,家电的个体化智能将向整体化智能转变。

美国 iRobot 公司推出了吸尘器机器人 Roomba,它能避开障碍,自动设计行进路线,还能在电量不足时自动驶向充电座。

（二）可穿戴设备

可穿戴设备是指可以直接穿在身上或是整合到衣服或配件的一种便携式电子设备。可穿戴设备的涌现,极大地改变了人们的生活方式。

1. 智能手表

苹果 iWatch 具有中文输入、通话记录、短信、彩信、免提通话、情景模式、日历、闹钟、计算器、单位换算、音乐播放、游戏等功能。

2. 智能眼镜

谷歌眼镜采用了增强虚拟现实技术,拥有智能手机的所有功能,镜片上装有一个微型显示屏,用户无须动手便可上网,可以用自己的声音控制拍照、摄像、电话、搜索、定位。谷歌眼镜为盲人出行带来了福音,通过提示周边的路况,使盲人在一定程度上可以"看见"周围的世界。

3. 智能鞋

在 SXSW 大会上,谷歌推出一款智能鞋。该产品是谷歌"艺术、复制和代码"(Art,Copy&Code)项目的研发成果之一。这款智能鞋由谷歌和创意设计机构 YesYesNo 以及 Studio 5050 合作完成。鞋子内部装配了加速器、陀螺仪等装置,通过蓝牙与智能手机进行连接,可以监测鞋子的使用情况。鞋子还配有一个扬声器,可以把传感器收到的鞋子信息以俏皮的语音评论方式播放出来。

(三)产品全生命周期信息化情况

产品数据管理(PDM)系统是一种用来管理产品规格、型号等相关信息的信息系统。PDM 系统确保跟踪设计、制造所需的大量数据和信息,并由此支持和维护产品。目前,国内许多制造业企业实施了 PDM 系统。

产品生命周期管理(PLM)系统是一种用来管理产品全生命周期相关信息的信息系统。PLM 包含 PDM 的全部内容,但 PLM 又强调了对产品生命周期内跨越供应链的所有信息进行管理和利用。国外许多制造业企业都实施了 PLM 系统,并取得了显著成效。例如,摩托罗拉公司通过应用 PLM 系统实现了在全企业内数据存取的简便性,减少了 50% ~ 75% 的创建和维护 BOM 的时间,CAD 的 BOM 实现 100% 准确,降低了 38% 的工程更改、评估和批准的平均时间。

总的来看,目前我国产品信息化存在的主要问题有:工业电子、工业软件产业不发达;缺乏核心技术,高端产品依赖进口;产品的电子信息技术含量不高,产品智能化程度有待提高。

三、发展对策

(一)加强政策引导

建议有关政府部门制定针对产品信息化的财政投入、税收优惠、信贷支持、政府采购等方面的激励政策。编制《产品信息化发展指南》,引导企业研发电子信息技术含量高的新产品。鼓励企业利用信息化手段建立产品全生命周期管理体系,记录产品设计、加工、检验、销售、使用、维修保养、报废等方面的信息,实现产品的可溯源性。

(二)开展评测认证

鼓励第三方专业机构在工业和信息化主管部门的指导下,联合中国汽车工业协会、中国船舶工业协会、中国工程机械工业协会、中国家用电器协会等有关行业协会开展信息化产品认证工作,发布产品的数字化、网络化、智能化测评结果,为消费者选购有关商品提供参考。

(三)培育服务市场

大力培育和发展支撑产品信息化的服务市场。鼓励电子信息制造类企业研制嵌入产品的传感器、控制器、电子显示屏等电子元器件和硬件设备。鼓励软件企业研制嵌入产品的微型操作系统、嵌入式软件、PDM 系统、PLM 系统等。鼓励企业研制产品信息化整体解决方案,提供针对产品信息化的系统集成、培训、咨询等专业服务。鼓励工业企业和 IT 企业联合申报产品信息化项目,共同研发信息化程度较高的新产品。

实践证明,中国制造的产品要从中低端市场走向高端市场,就必须推进产品信息化,提高产品的"智商"水平。提高产品信息化水平,可以在消耗同样资源和能源的前提下,实现产值翻番。也就是说,产品信息化可以促进工业经济的集约化发展。因此,推进产品信息化,是转变经济发展方式的有效途径。

第六节　互联网+制造

要用"互联网+"促进工业升级,注重运用分享经济理念激发活力,借助信息技术链接千万人的创意,推动传统制造业和现代服务业紧密融合,更有效率、更低成本地实现产业转型与提质增效。

当前互联网与制造业的融合正在日益加深,这成为新一轮工业革命的发展方向和国际先进制造业竞争的制高点。中国是世界制造大国和互联网大国,已经具备了推进"互联网+制造"的现实基础,但在核心技术、基础网络、标准建设、人才培养、安全保障等方面还有不小差距，要牢牢把握机遇，积极应对挑战，加快推进"互联网＋制造"发展，推动中国制造业由大变强。

一、工业互联网

美国通用（GE）公司提出了"工业互联网"（Industrial Internet）的概念，工业互联网是指具有互联的传感器和软件的复杂物理机器。工业互联网综合集成了机器学习、大数据、物联网和机器之间（M2M）通信等技术，可以消化来自机器的数据，分析这些数据（往往是实时数据），并以此改进操作。

通用公司全球董事长兼首席执行官杰夫·伊梅尔特将"工业互联网"定义为智慧的机器加上分析的功能和移动性。工业互联网能带来两个直接好处：一是降低设备故障的几率和时间；二是实现资产管理的优化，让设备能够在能耗最低、性能最佳的状态下工作。通用公司认为，通过智能机器间的连接并最终将人、机连接，结合软件和大数据分析，工业互联网最终将重构全球工业。

工业互联网主要包括生产、产品和商务三个层面，需要结合中国工业发展实际情况，有针对性、有重点地发展工业互联网。

（一）夯实工业互联网的基础

俗话说，"基础不牢，地动山摇"。要发展好工业互联网，必须下大力气打好基础。工业互联网的基础包括工业传感器、工业数据实时分析软件和以工业机器人为代表的智能制造装备等。要进一步提高工业传感器的精确性、稳定性和可靠性，发展实时数据库以及相应的大数据分析软件，推进传统机械装备、数控机床等向智能化的工业机器人转型，发展具有5G（计算机、控制和通信）功能的智能制造装备。东南沿海地区面临招工难、招工贵的情况，正是推行"机器换人"的大好时机。

（二）发展生产层面的工业互联网，构建"智慧工厂"

引导有条件的工业企业利用物联网技术对各类生产设备进行联网，对设备运行情况进行在线监控，建设"智慧工厂"。按生产工序把焊接机器人、冲压机器人、搬运机器人等类型的工业机器人联网，发展群体工业机器人。利用大数据分析技术对生产数据进行实时处理，以改进工艺流程。

（三）发展产品层面的工业互联网，打造"智慧产品"

提高产品智能化水平，可以提高产品附加值，推进产品高端化。推进传统工业产品数字化、网络化和智能化，使产品远程可测、可控。重点发展具有互联网接入和数据通信功能的智能汽车、智能家电、智能机械、智能可穿戴设备等产品。

（四）发展商务层面的工业互联网

组织针对工业企业负责人的培训活动，让他们树立"互联网思维"，促进工业企业的商业模式创新。发展电子商务订单驱动型制造业，实现前台网络接单和后台生产系统的有机结合。

建议地方政府积极发展工业互联网，促进工业转型升级。推动移动互联网、云计算、大数据、物联网等新一代信息技术与现代制造业的融合，大力发展智能制造。引导企业在工业设计、工业仿真等方面应用云计算技术，支持云计算服务商构建面向中小制造业企业的云服务平台。引导工业企业建设商业智能（BI）系统，对生产经营数据进行大数据分析。在生产制造、经营管理、产品信息化、节能减排和安全生产等领域推广应用物联网技术，发展工业物联网，促进制造业服务化转型。引导工业企业对各类生产设备进行联网，发展群体工业机器人，建设"无人工厂"。推进工业产品数字化、网络化和智能化，使产品远程可测、可控，为用户提供远程故障诊断和运维服务。

二、"互联网＋"协同制造

国务院印发了《国务院关于积极推进"互联网＋"行动的指导意见》，把"互联网＋"协同制造作为 11 个重点行动之一，由工业和信息化部、国家发展改革委、科技部共同牵头。

推动互联网与制造业融合，提升制造业数字化、网络化、智能化水平，加强产业链协作，发展基于互联网的协同制造新模式。在重点领域推进智能制造、大规模个性化定制、网络化协同制造和服务型制造，打造一批网络化协同制造公共服务平台，加快形成制造业网络化产业生态体系。

（一）大力发展智能制造

以智能工厂为发展方向，开展智能制造试点示范，加快推动云计算、物联网、智能工业机器人、增材制造等技术在生产过程中的应用,推进生产装备智能化升级、工艺流程改造和基础数据共享。着力在工控系统、智能感知元器件、工业云平台、操作系统和工业软件等核心环节取得突破,加强工业大数据的开发与利用,有效支撑制造业智能化转型,构建开放、共享、协作的智能制造产业生态。

(二)发展大规模个性化定制

支持企业利用互联网采集并对接用户个性化需求,推进设计研发、生产制造和供应链管理等关键环节的柔性化改造,开展基于个性化产品的服务模式和商业模式创新。鼓励互联网企业整合市场信息,挖掘细分市场需求与发展趋势,为制造企业开展个性化定制提供决策支撑。

(三)提升网络化协同制造水平

鼓励制造业骨干企业通过互联网与产业链各环节紧密协同,促进生产、质量控制和运营管理系统全面互联,推行众包设计研发和网络化制造等新模式。鼓励有实力的互联网企业构建网络化协同制造公共服务平台,面向细分行业提供云制造服务,促进创新资源、生产能力、市场需求的集聚与对接,提升服务中小微企业能力,加快全社会多元化制造资源的有效协同,提高产业链资源整合能力。

(四)加速制造业服务化转型

鼓励制造企业利用物联网、云计算、大数据等技术,整合产品全生命周期数据,形成面向生产组织全过程的决策服务信息,为产品优化升级提供数据支撑。鼓励企业基于互联网开展故障预警、远程维护、质量诊断、远程过程优化等在线增值服务,拓展产品价值空间,实现从制造向"制造 + 服务"的转型升级目标。

第七节　分享经济

分享经济是指个人通过互联网平台把闲置的资源提供给需要这种资源的人并获取相应的报酬,让闲置资源创造新的价值。分享经济通过互联网把个人零散的闲置资源有序地组织起来,促进了闲置资源的开发利用,实现了"人尽其才、物尽其用"目标[29]。

　　在分享经济中,人们可用来交易的闲置资源有财产、技能、劳务、时间等,其中个人财产包括资金、房子、汽车、衣服等,技能包括教育、培训、修理、医疗等,劳务包括物流配送、家政服务等。例如,人们可以把闲置的资金放到 P2P 网络借贷平台,进行互联网众筹,把闲置的房子或房间出租,用私家车运送乘客,把闲置的礼服出租,利用空闲时间教他人学习音乐、美术等,帮别人修理家电、自行车等,帮别人送货、整理房间,利用空闲时间陪别人聊天、旅游甚至充当临时男朋友或女朋友。

　　近年来,全球分享经济快速发展,出现了许多闲置资源网络交易平台。在国外,有用私家车运送乘客的 Uber,有出租房子或房间的 Airbnb,有帮别人送货的 Instacart,有出租衣服的 Rent the Runway,有在线预订的保洁员 Handybook 等。根据英国商务部公布的数据,大约 1/4 的英国成年人有过网上分享闲置资源的经历。在国内,有用私家车运送乘客或提供租车服务的滴滴出行、天天用车、AA 租车、PP 租车等,有提供度假公寓在线预订服务的途家网、小猪短租,有帮别人送快递的人人快递,有提供文案设计、软件开发、专利代理等服务在线交易的猪八戒网等。

　　Airbnb 是"气垫床和早餐"(Airbed and Breakfast)的英文缩写。通过 Airbnb 平台,有闲置房间的人在网上发布自家的空房信息,不想找酒店入住的旅客或游客通过上网查找住宿信息。一旦双方达成协议,旅客或游客就可以在线付费和实地入住。由于私人住宅闲置房间往往比酒店更便宜,更有生活气息,Airbnb 深受年轻人的欢迎。目前 Airbnb 在全球拥有 50 万间房屋,为全球 900 万游客找到了住处,每天晚上有超过 15 万的游客在 Airbnb 会员的房子中入住。

　　分享经济之所以发展迅速,主要有三个方面的原因:一是互联网(特别是移动互联网)的发展,其平台可以消除资源供需双方信息的不对称,资源提供者发布信息,资源需求者获取信息都非常方便;二是随着人们生活水平的提高,许多人都有房子、汽车等,人们手头闲置资源越来越多,许多人都有才艺和空闲时间;三是随着个性解放,人们的工作、就业观念都在转变,许多年轻人不喜欢成为朝九晚五的"上班族",而喜欢成为自由职业者,自由地支配自己的时间,做自己喜欢做的事情。

　　分享经济与传统经济有很大的不同。在传统经济中,人们拥有并独占某种资源,不与他人分享这种资源;而在分享经济中,人们拥有对资源的所有权,但把资源部分使用权出让给他人,以获得经济利益。一个人独自占有超过他实际需求的财物是一种浪费,而分享经济减少了这种浪费。

　　分享经济改变了传统商品交换模式,改变了个人财产属性,改变了工作、就业方式。以前人们是购买企业的商品或服务,而现在是购买个人的物品或服务(例如,以前人们乘坐出租车公司的出租车并付费,现在是乘坐私家车并付费);以前个人财产归个人使用,而现在个人财产也可以用来商业化经营(例如,私人住宅也可以成为旅店);以前人们一般有固定的工作单位,而现在人们可以没有固定的工作单位而成为自由职业者。随着分享经济的兴起,许多概念需要重新定义,许多商业规则需要重新制定。

　　发展分享经济有许多好处。对政府来说,发展分享经济可以促进社会就业和节能减排,改善交通,培育新的经济增长点。例如,分享经济领域的互联网企业提供了许多就业岗位,人们可以依托互联网平台成为自由职业者;专车、拼车服务可以减轻道路拥堵,减少汽车尾气排放。对一些企业来说,可以通过"互联网众包"方式招聘短期雇用人员,减少长期聘用工作人员数量,降低劳动力成本。对个人来说,闲置资源提供者可以提高资源利用率,增加收入;需求者可以用比以往更低廉的价格获得更好的服务,降低成本。

　　从经济角度看,发展分享经济有利于盘活存量资源,促进要素流动,是拉动经济增长的新路子。从社会角度看,发展分享经济有利于促进就业,保障和改善民生。目前我国就业形势依然严峻,发展分享经济可以为一些失业者用闲置资源换取收入,改善生活;为一些低收入者提供兼职就业渠道,增加个人和家庭收入。

　　发展分享经济有利于推进"大众创业、万众创新"。通过分享、协作方式搞创业创新,门槛更低、成本更小、速度更快,这有利于拓展我国分享经济的新领域,让更多的人参与进来。可以预见,分享经济将催生许多互联网企业,让越来越多的人成为与互联网平台连接的自由职业者。分享经济将为在城市居住、生活的新生代农民工带来许多新的工作机会,让新生代农民工逐渐融入其所在的城市。

与此同时,发展分享经济也带来了许多新的问题。对政府来说,一些行业的税收会减少和流失,相关行业税收会在区域上发生变化,流向分享经济互联网平台运营商数量多的区域;可能引发一些新型违法犯罪活动;大量工作和收入都不稳定的劳动阶层可能引发社会问题。对一些企业来说,经营收入会减少,有些企业可能会倒闭。对个人来说,如果一方不遵守事先的约定,会给对方带来不便和麻烦;个人的人身、财产安全可能在交易过程中面临威胁。

发展分享经济要趋利避害,放管结合,转变政府职能。

"放",就是要破除制度性障碍,为分享经济发展开"绿灯"。要及时研究制定新的法律法规,修订妨碍分享经济发展的法律法规。分享经济是个新生事物,出现了许多法律法规空白。例如,如何界定闲置资源提供方和需求方在交易中的权利和义务?如果出现经济纠纷和安全事故,应该追究提供方的责任还是追究互联网平台运营者的责任?原有的许多法律法规适用于独享经济时代,与分享经济发展不相适应。例如,按照现行法律法规,私家车不允许作为出租车,私人住宅不允许作为旅店,导游必须有导游证。因此,要发展分享经济,必须修改出租车行业、旅馆业、旅游业等行业的行业性管理法律法规,在市场准入方面充分考虑分享经济这种新业态。

"管",就是要创新政府管理模式,促进分享经济规范健康发展。在分享经济领域推行简政放权,减少事前审批,运用信用积分、大众点评等方式加强事中事后监管,走政府部门、互联网平台运营商、用户等多方协同治理的道路。政府部门应要求分享经济互联网平台运营商对用户进行实名制认证,建立信用档案;允许顾客在接受服务之后对服务提供者进行在线评价,对评价过低者进行惩戒乃至踢出平台;强制平台运营商为其用户购买保险,对安全事故进行先行赔付。加强对平台运营商的监管,一旦出现安全事故,平台运营商应负连带责任。严厉打击分享经济领域的违法犯罪活动。

第九章　智慧社会

加强社会建设是社会和谐稳定的重要保证。推进教育信息化、医疗卫生信息化、社区信息化、家庭信息化、旅游信息化等社会事业信息化。从数字化、信息化阶段向智能化阶段迈进,构建智慧社会,有利于更好地满足人们日益增长的物质、文化生活需求,保障和改善民生,使城市的广大居民过上更加幸福安康的生活。

第一节　智慧教育

教育是民族振兴和社会进步的基石。以教育信息化带动教育现代化,破解制约我国教育发展的难题,促进教育的创新与变革,是加快从教育大国向教育强国转变的必然要求。随着物联网、云计算、移动互联网等新一代信息技术的飞速发展,教育信息化开始步入智慧教育时代。智慧教育是指通过应用新一代信息技术,促进优质教育信息资源共享,提高教育质量和教育水平。简单地说,智慧教育就是指教育行业的智能化,是教育信息化发展的高级阶段。

一、主要特征

与传统教育信息化相比,智慧教育具有以下一些特点:集成化、自由化和体验化。

(一)集成化

老师在课堂教学过程中,可以集成多种信息资源,使用多种课件和教学软件,使课堂教学更加生动有趣。例如,在数学教学过程中,当讲到某个定理时,可以即时显示发现该定理的数学家的一些情况;在物理教学过程中,可以用一些物理教学软件模拟物理实验过程;在化学教学过程中,可以用一些化学教学软件模拟化学反应过程;在地理教学过程中,可以用 Google Earth 查找钓鱼岛,查看钓鱼岛的地形地貌、实景照片等;在历史教学过程中,讲到某个历史事件,就可以播放该历史事件的相关视频资料,显示历史人物的基本情况。

(二)自由化

在智慧教育时代,学生和普通大众通过移动互联网,可以利用移动智能终端随时随地、随心所欲地学习。课本不再是纸质的,而是电子书。学生背负的沉重书包将被电子书包代替。学习场所不再局限于课堂,学习内容不再受老师讲授内容的限制。这样,终身教育体系才能真正实现。此外,通过采用智能化技术,使 e – Learning 转变为 i – Learning。i – Learning 系统可以根据学生的学习兴趣、学习能力、学习时间等不同制订不同的学习计划,生成个性化的学习资料。

(三)体验化

随着虚拟现实技术和3D技术的发展,可用计算机生成一个虚拟现实的学习环境,使学生更直观地理解教学内容。例如,当讲授到北京故宫时,可以让学生通过北京故宫虚拟旅游软件做一次虚拟的旅行,增加学生对北京故宫的直观感受;当讲授到某物理或化学定理时,可以让学生做模拟试验,既可以避免有些试验的危险性,又可以减少试验成本;当讲授天文知识时,可以让学生做一次虚拟的星空旅行,观察一些宇宙现象。

二、体系框架

教育行业涉及教育主管部门、学校、老师、学生等。相应地,智慧教育包括智慧政府、智慧学校、智慧师生三大部分。

(一)智慧政府

在智慧教育中,智慧政府是指智慧的教育主管部门,如教育部、教育厅、教育局等。教育主管部门通过实施智慧教育工程,提高教育管理和公共服务的智能化水平,支撑教育管理改革。例如,建设智能化的办公自动化

（OA）系统、智能化的教育管理和服务系统，为学校办理各项业务提供一站式服务。建立国家教育云服务平台，可实现优质数字教育资源的共建共享。

（二）智慧学校

智慧学校是指在校园管理和服务师生方面提高自动化、智能化水平，包括"无线校园""智慧教室""智慧图书馆""智慧实验室"等方面的内容。例如，通过建立"无线校园"，使教职工和学生可以随时随地上网。利用物联网建立校园周界安防系统、一键式报警柱，提高校园安全管理水平。提高学校各类管理信息系统的智能化水平，对教师和学生进行从入校到离校的全生命周期管理，减少重复输入，提供一站式、个性化服务。

通过建设"智慧教室"，在电子黑板上实现文字、图片、视频、音频、软件等各种类型教学资料的集成展示，提高教学的生动性，避免以前擦黑板的麻烦。通过建设"智慧图书馆"，根据师生的阅读兴趣、研究方向等提供个性化服务，方便师生检索、阅读各类图书和文献资料。通过建设"智慧实验室"，实现相关设备的联网应用，对实验室环境和仪器设备的运行情况进行在线监测。

（三）智慧师生

智慧教育是增强教师教学能力和学生学习能力的重要手段。在智慧教育中，智慧师生是指信息化装备精良的教师和学生。利用智能手机、平板电脑等智能移动终端，学生可以存储大量电子化的学习资料，包括教学视频、音频、图片、PPT 课件、电子书、论文等。可以根据需要随时随地下载电子化的学习资料，灵活安排学习时间。教师和学生可以在线互动，为导师制提供技术支撑。

三、新一代信息技术在智慧教育中的应用

（一）物联网技术

在智慧教育中，物联网技术在电化教育、校园一卡通、校园安防等方面有着广阔的应用前景。例如，在电化教室，可以将老师自带电脑、手机中的资料通过无线网络传到教学主机上进行显示。采用 RFID 技术的校园卡，学生可以很方便地刷卡进入图书馆，或者通过刷卡在食堂吃饭，进行学籍注册

等。建设采用基于物联网的校园周界安防系统,可以更好地保障校园的安全。

(二)云计算技术

在智慧教育中,对于大学来说,云计算技术可以用于科研计算,发展"e-Science",提升科研能力和科研水平。例如,用于天文观测、生物工程、高分子化学、高能物理、地球科学等领域的海量数据处理。对于中小学校来说,建设教育云服务平台,可实现优质教学资源的共建共享。云计算技术的应用使得欠发达地区、偏远地区无须像以前那样购买大量软硬件,就可以享受教育云服务平台里的优质教学资源,从而促进教育的区域平衡发展。

(三)移动互联网技术

在智慧教育中,移动互联网技术可以使学生随时随地进行学习,掌握学习的主动权。例如,浏览电子书,查看教学视频,收听教学音频等。通过移动互联网,学生可以随时随地与老师进行互动交流。开发教学 App(如掌中英语 App),供学生下载使用,可以丰富教学手段。随着移动智能终端存储能力的快速提高,可以存储的学习资料越来越多,人类将从"电子学习"(e-Learning)时代进入"移动学习"(m-Learning)时代。

(四)大数据技术

随着教育信息化的深入,教育部门和学校的数据量快速增长。在智慧教育中,采用大数据技术,对学校、老师、学生方面的数据进行挖掘、分析,发现隐藏在其中的教育、教学规律,可以使教育行政部门更好地服务于学校,学校行政部门更好地服务于师生。例如,通过分析学生的阅读偏好,可以发现学生的兴趣所在,并适当加以引导。

四、发展对策

根据信息化发展趋势以及对教育信息化的调查研究和思考,可以把以下几个方面作为发展智慧教育的着力点:

(一)加快教育网络宽带化进程

目前,我国许多中小学带宽明显不足,而且网络设备老化现象比较严重。以上海浦东新区为例,平均每所学校互联网出口带宽不足 2 Mbps,绝大多数学校的接入带宽为 10 Mbps,只能应对带宽要求较低的一般应用,远不能满足区域内开展的教学视频点播、视频会议等涉及大量多媒体的应用要求。经济发达地区尚且如此,其他地区可想而知。多媒体教学的普及、云服务模式的推行,都需要较高带宽。因此,应结合中国宽带计划,提高教育网络带宽水平,推进无线校园建设,为发展智慧教育奠定坚实的基础。

(二)推行教育资源云服务

作为一种新兴的计算模式,云计算技术将对教育信息化建设产生深远的影响。各地中小学应顺应云服务模式的发展,改变传统中小学机房分散建设的局面,以区县或地市为单位推进中小学机房大集中和数据大集中。基于教育云服务平台,推进优质教育信息资源共享,推进教育管理信息系统互联互通,实现教育信息共享和教育部门的业务协同目标。

(三)建设智慧校园,构建智能化的教学、学习环境

利用物联网建立校园周界安防系统、一键报警系统,提高校园的安全管理水平。开发智能化的业务应用系统,提高学生管理和教师管理的智能化水平,对学生进行从入学到离校的全生命周期管理和服务,对教职工进行从入职到离职的全生命周期管理和服务,减少数据重复输入,为老师、学生提供一站式、个性化服务;大力建设"智慧教室""智慧图书馆""智慧实验室",提升教学效果,方便师生阅读,提高科研效率。

(四)大力发展 m – Learning 和 i – Learning

随着 5G、Web3.0 等移动互联网技术的发展以及移动智能终端的普及,e – Learning 正向 m – Learning、i – Learing 发展,学生可以随时随地学习,掌握学习的主动权。例如,浏览电子书、查看教学视频、收听教学音频、与老师进行互动交流。

第二节　智慧医疗

健康是促进人的全面发展的必然要求。医疗卫生信息化是我国医疗卫生事业发展的必然要求,是深化医改的迫切需要,是实现人人享有基本医疗

卫生服务目标的重要手段。加快推进医疗卫生信息化,有利于提升医疗服务水平,降低医药费用,方便群众看病就医;有利于提升公共卫生服务水平,促进基本公共卫生服务均等化;有利于提升卫生管理和科学决策水平,推进卫生事业科学发展。

随着物联网、云计算、移动互联网、大数据等新一代信息技术的发展,医疗卫生行业信息化开始步入新的发展阶段——智慧医疗。智慧医疗是指通过应用新一代信息技术来提高医疗卫生管理和服务的智能化水平。

一、主要特征

与传统医疗卫生行业信息化相比,智慧医疗具有以下一些特点。

(一)以患者为中心

在以前,医疗卫生行业信息化建设是以部门为中心的,即以各级卫生主管部门、各类医院为中心。患者的医疗信息分散在不同的医院,没有进行有效的整合,无法提供个性化的医疗卫生服务。而在智慧医疗中,医疗卫生行业信息化建设是以患者为中心的。通过电子病历建立患者医疗健康档案,不同医院之间可以共享患者信息。

(二)远程化

在以前,无论疾病类型、症状轻重程度,患者都必须亲自到医院就诊。而在智慧医疗时代,有些患者不必到医院就诊,而是采用电子设备(如电子血压计)探测血压、心率等,并发送到健康服务中心,再由专业医生进行分析,把诊断结果和治疗方案反馈给患者;患者付费后由物流企业把药品配送给患者。对于医疗卫生条件落后的偏远地区,通过远程医疗系统,也可以享受到大城市的一流医疗服务。

(三)自动化和智能化

在以前,许多化验、诊断等工作都需要医生来完成。在智慧医疗时代,随着医疗分析仪器设备的发展,许多化验、诊断等工作可以自动完成,医疗分析仪器设备会自动生成并打印出化验报告、诊断报告。植入患者体内的芯片会监测患者生理机能的各项参数,当参数超过一定阈值就自动给予安全警示。

二、新一代信息技术在智慧医疗中的应用

(一)物联网技术

物联网技术在远程医疗、远程护理(Telecare)等方面有广阔的应用前景。例如,在患者体内植入生物芯片,芯片通过物联网把患者生理机能的各项参数发送到医院健康服务中心,由医生进行远程诊断。当患者生理参数出现异常时,即可通知患者来医院就医;当患者出现生命危险的情况时,即可通知急救中心派出急救车。

(二)云计算技术

经过前些年的信息化建设,卫生部拥有多个信息系统。这些系统可以移植到云计算平台,以方便互联互通和运行维护。云计算技术可以应用于区域医疗卫生信息平台建设,为当地居民提供综合的医疗卫生信息服务。对于中小医疗卫生机构来说,通过购买云计算运营商提供的云服务,就无须自行购买或开发软件,而只需支付一定的服务费。

(三)移动互联网技术

利用移动互联网技术,可以使医疗卫生行业信息化从电子卫生(E - Health)发展移动卫生(M - Health),使人们可以随时随地获取医疗卫生、健康养生、疾病预防等方面的信息和知识,从而提高国民的卫生素养。患者可以通过手机进行预约挂号,减少排队等候时间。目前,北京儿童医院、协和医院等都推出了具有预约挂号功能的 App。卫生主管部门可以把疫情预警信息通过手机发给当地居民,以便及时做好防范准备。

有一款名为 iHealth 的 App,它可以测血压、心率;用户可以利用它查看历史记录,以图表化方式管理血压,显示测量平均值,并根据世界卫生组织血压判定标准用不同颜色显示血压是否正常。

今后,要鼓励医疗机构采用移动互联网技术,发展移动卫生(M - Health)。鼓励医疗机构开发 App,供患者免费下载、使用。医疗机构 App 应具备信息发布、预约挂号、在线支付、检验结果推送、远程诊断等功能,让患者及时了解医疗机构的基本情况和最新工作动态;通过智能手机、平板电脑等移动终端预约挂号,减少排队等候时间;应支持手机支付,减少患者来回

奔波和等候的时间;患者可以通过移动终端第一时间知道医学检验或检查结果;患者可以通过在线咨询平台向医生咨询病情,离优质医疗资源较远的患者也可以享受优质医疗资源提供的诊断服务。

（四）大数据技术和人脸识别技术

经过前些年的信息化建设,卫生部门和医院积累了大量数据。采用大数据技术,对这些数据进行挖掘,发现其中一些规律和问题,可以改进卫生部门的政策措施,提高医院的医疗服务水平。例如,美国西雅图儿童医院使用 Tableau 数据可视化软件帮助医护人员减少医疗事故,为医院节省了 300 万美元。

三、智慧医院

智慧医院是指在医院管理和服务患者方面提高自动化、智能化水平。例如,布设无线网络,建立"无线医院",方便医生和患者上网。利用物联网建立医院周界安防系统,提高医院安全管理水平。提高医院各类管理信息系统的智能化水平,对患者进行从第一次就医到最后一次就医的全生命周期管理,减少重复输入,提供一站式、个性化服务,提高患者的满意度。建设"智慧门诊室""智慧病房""智慧手术室",提高诊断、治疗、护理、手术等过程的自动化和智能化水平。

在智慧医疗中,还应推进卫生部、卫生厅、卫生局等各级医疗主管部门的智慧化建设。卫生主管部门通过实施智慧卫生工程,提高卫生管理和公共服务的智能化水平,支撑卫生管理创新。例如,建设智能化的办公自动化(OA)系统、智能化的医疗卫生管理和服务系统,为用户提供一站式服务。建立国家卫生云服务平台,实现优质数字医疗卫生资源的共建共享目标。

信息化对医疗卫生工作具有重要的支撑和保障作用,而深化医改为医疗卫生信息化发展提供了难得的机遇。医改方案明确提出把加强信息化建设作为深化医改的重要技术支撑,特别是当前医改已进入"深水区",一些制约医疗卫生事业发展的体制机制问题和结构性问题日益凸显,所涉及的利益群体更加复杂。为此,我国卫生主管部门应加强政策引导,积极推进智慧医疗的发展,破解医改难题。

第三节 智慧社区

社区就是在一定地域内发生社会活动和社会关系,有特定的生活方式并具有成员归属感的人群所组成的相对独立的社会生活共同体。在我国,典型的社区就是城市的小区和农村地区的村庄。

一、内涵和特点

社区是城市的细胞。智慧社区是智慧城市的重要组成部分。智慧社区是指管理和服务智能化水平较高的社区。与传统社区相比,智慧社区具有如下特点:

(一)自动化

在智慧社区中,各类设施的自动化程度较高。例如,采用 RFID 技术的社区一卡通,在居民进出小区、单元门时,能够自动感应并开启大门;楼道灯具有红外感应功能,居民晚上上下楼时自动开启。

(二)集成化

在智慧社区中,相关设施之间可以相互通信,进行联动。例如,当传感器感知有人翻墙时,立即启动报警系统。与此同时,调转视频监控探头,视频监控探头具有人脸识别功能,自动将捕获的人脸图像发送到公安部门。

(三)智能化

在智慧社区中,信息系统的智能化程度较高。例如,在社区安防领域,社区门禁系统、视频监控系统可以识别人脸;在社区居民服务方面,可以根据某个居民的个人情况推送信息,提醒其办理特定事情。

智慧社区包括智慧社区基础设施、智慧社区管理、智慧社区服务、智慧社区发展环境四部分。其中,智慧社区基础设施包括小区宽带网络(10 Mbps 以上入户)、三网融合以及智能化的小区设施;智慧社区管理包括计划生育、出租房管理、社会保障、民政等社区管理事务的智能化;智慧社区服务包括保洁、维修、购物、娱乐等各类为社区居民服务的智能化;智慧社区发展环境包括与智慧社区相关的政策法规、标准规范、人才培养等。

发展智慧社区,有利于提高社区管理水平,创新社会管理方式;有利于提高为社区居民服务的水平,使社区更宜居;有利于丰富社区居民的生活,创建和谐社区。

二、新一代信息技术在智慧社区中的应用

(一)物联网技术

在智慧社区中,物联网技术可以应用于小区安防、自动抄表、环境监测等领域。对高档社区来说,单一的视频监控已经无法满足业主对安全防护的需求。采用物联网技术建立小区周界安防系统,通过振动传感器进行目标分类探测,并结合多种传感器组成协同感知的网络,实现全新的多点融合和协同感知,可对入侵目标和入侵行为进行有效分类和高精度区域定位。采用智能化的水表、电表、燃气表,可以根据需要自动将读数发送到供水企业、供电企业和燃气供应企业,减少人工抄表所需的人员、时间等。通过在社区放置一系列的传感器,可以实时感知社区的大气污染物(如 PM2.5)、温度、湿度、有害气体等,为社区居民提供警示信息。

(二)云计算技术

在智慧社区中,云计算技术可以应用于社区电子政务、居民娱乐等领域。随着电子政务建设的深入,电子政务系统逐步向基层延伸。社区电子政务是典型的基层电子政务,是提高社区管理和居民服务水平的重要手段。社区事务是"上面千条线,下面一根针"。采用云计算技术,在每个城市建设一个社区云平台,是推进社区电子政务建设集中化的重要方式。所有与社区有关的信息系统都可以运行在社区云平台上,提高管理效率和服务质量。电信或广电运营商可以通过"云电视"为居民提供视频、音频、网络游戏等的按需点播服务,丰富社区居民的文化生活。

(三)移动互联网技术

在智慧社区中,移动互联网可以应用于社区信息服务、电子支付等领域。利用移动智能终端,社区居民可以通过移动互联网查询社区相关信息,在网上办理有关事务,寻找家政服务。利用手机的移动支付功能,可以交纳物业费、水费、电费、燃气费等。

SeeClickFix 是一个手机应用程序,社区居民能够通过智能手机报告他们发现的问题,如发现公园里的长椅破损了,道路存在坑洞,乱倒垃圾等。所有的投诉对社区居民都是可见的,而社区的其他居民可以投票赞同,表示确实存在这一问题。华盛顿和旧金山已把 SeeClickFix 合并为他们的 311 个信息服务程序中。SeeClickFix 可以自动生成问题报告,并将这些报告以电子邮件的形式发送给当地政府相关部门。SeeClickFix 有助于让地方政府有关部门关注一些自身可能难以发现或注意到的问题,让本地居民参与社会治理[30]。

再生活信息技术有限公司提供标准化、规范化的上门回收废旧物资服务,包括旧手机、旧家电、塑料瓶、易拉罐、旧衣服、纸类等。用户可通过"再生活"手机 App 定制上门服务周期,预约上门服务时间。该公司通过先进的信息系统和标准化的管理流程为用户建立可再生资源回收账户,记录用户的环保贡献与资金余额。用户可用销售废旧物资所得资金换购该公司手机便利店中的商品,订购商品由该公司工作人员送货上门。可以预见,O2O(线上线下结合)式的电子商务将成为互联网时代废旧资源回收和处理的新趋势。

三、发展对策

(一)加快完善智慧社区建设的标准规范

20 世纪 90 年代,建设部发布了《全国住宅小区智能化系统示范工程建设要点与技术导则》(试行稿)。但由于十多年过去了,一方面,随着物联网、云计算、移动互联网等新一代信息技术的出现,社区信息化的技术环境发生了很大的变化;另一方面,与十多年前相比,社区居民的实际需求也有了很大的变化。建议住房和城乡建设部等有关部门制定《中国智慧社区建设导则》,以指导全国各地的智慧社区建设工作。

(二)把社区电子政务作为推进基层电子政务建设的重要内容

众所周知,基层既是国家政权的基础,也是公共服务的落脚点。基层电子政务建设的好坏,直接影响到我国电子政务的整体发展水平。为此,应整合各类社区管理信息系统,按照全生命周期管理的思想,对社区居民进行管理,提供一站式的公共服务。

(三)把智慧社区建设作为创新社会管理的重要内容

社会管理,说到底是对人的管理和服务。在中国城市,绝大多数市民都居住在小区里面。利用信息化、智能化手段创新社区管理方式,是创新社会管理的重要内容,特别是在小区安防、出租屋管理、残疾人服务、老年人服务、家政服务等方面。

第四节　智慧家庭

所谓智慧家庭,就是指通过智能化程度较高的家电、家具等家居环境,过上高度数字化生活的家庭。智慧家庭是未来家庭的发展方向,是满足广大人民不断提高的物质、文化生活需要的必然要求。从应用领域来看,智慧家庭包括智慧客厅、智慧卧室、智慧厨房、智慧卫生间、智慧健身房、智慧书房等。

物联网技术是智慧家庭的核心技术。利用物联网技术,智慧家庭系统可以感知主人的需求,并自动为主人服务。例如,主人进门后一按智能手机的中央控制器"在家模式",如果是白天,窗帘就会自动打开;如果是晚上,电灯自动开启;如果在夏天,空调就会自动开启。而在以前,需要主人自己逐个去按开关。

在智慧客厅,客厅茶几是个信息终端,可以收发文件,对智能家电进行遥控。相框是数字相框,相框中的图片可以根据主人的爱好而变化。在智慧卧室,可以根据需要对灯光亮度进行调解,播放背景音乐;床是电控的,具有改变姿态、按摩等功能。在智慧厨房,可以根据需要编排菜谱,指导主人做菜。在智慧卫生间,主人按一下"洗浴"指令,浴缸就自动放水;在晚上,主人一走进卫生间,卫生间的灯会自动亮起。在智慧健身房,主人骑上自行车,可以根据骑车路线来变换屏幕场景,边健身边进行"虚拟旅行",增加健身的乐趣。在智慧书房,书桌也是一个信息终端,可以连接数字图书馆、数字博物馆,阅读电子书,参加视频会议等。

从物理环境来看,智慧家庭由一系列智能家居产品和中央控制器构成。

其中智能家居产品包括智能冰箱、智能空调、智能洗衣机、高清互动电视、体感游戏设备、智能家具等。

一、智能家电

智能家电就是微处理器和计算机技术引入家电设备后形成的家电产品，是具有自动监测自身故障、自动测量、自动控制以及自动调节与远方控制中心通信等功能的家电设备。

家电的进步，关键在于采用了先进控制技术，从而使家电从一种机械式的用具变成一种具有智能的设备。例如，加入了"模糊运算"功能的电饭煲，能自动根据米饭量、软硬度要求调节运行时间和运行功率，1 人和 3 人的米饭量，工作时间不相同，而米饭和粥的工作效率也不一样。又如随身感空调，通过在室内机上增加一个红外线感应装置，可根据家人数量的多少以及人所处的位置，调节空调风量和送风角度。此外，还有加装"儿童锁"的电视（通过设置好电视的开关时间，避免儿童长时间看电视而影响视力），根据衣物多少自动添投洗衣粉的洗衣机，自动扫描存储食物保持周期从而提前发出预警的冰箱，等等。

未来智能家电的三个发展方向：多种智能化、自适应进化、网络化。多种智能化是家电尽可能在其特有的工作功能中模拟多种人的智能思维或智能活动的功能。自适应进化是家电根据自身状态和外界环境自动优化工作方式和过程的能力，这种能力使得家电在其生命周期中都能处于最有效、最节能和最好品质的状态。网络化的家电可以由用户实现远程控制，在家电之间也可以实现互操作。物联网家电是指能够与互联网连接，并且通过互联网可对其进行控制、管理的家电产品。

智能家电的智能程度不同，同一类产品的智能程度也有很大差别，一般可分成单项智能和多项智能。单项智能家电只有一种模拟人类智能的功能。例如，在模糊电饭煲中，检测饭量并进行对应控制是一种模拟人的智能的过程。在电饭煲中，检测饭量不可能用重量传感器，这是环境过热所不允许的。采用"饭量多则吸热时间长"这种人的思维过程就可以实现饭量的检测，并且根据饭量的不同采取不同的控制过程。这种电饭煲是一种具有单项智能的电饭煲，它采用模糊推理进行饭量的检测，同时用模糊控制推理进行整个过程的控制。在多项智能的家电中,有多种模拟人类智能的功能。例如,多功能模糊电饭煲就有多种模拟人类智能的功能。

互动化是智能家电发展的一个重要趋势,如高清互动电视、体感游戏设备。高清互动电视是通过有线数字电视双向网络,基于高清互动机顶盒,为用户提供高清晰度数字节目的视频内容和综合信息服务平台,能实现互动点播(VOD)、精彩回放、电视银行、电视教育、互动游戏等多种交互业务。高清节目采用 1920×1080i 的格式播出,图像的幅型比为 16∶9,达到胶片级电影的效果,部分电影和音乐会具有环绕立体声效果,让人们体会身临其境的视听震撼。

体感游戏是一种通过肢体动作变化来进行操作的新型电子游戏。具有代表性的体感游戏平台包括 Xbox360、PlayStation Move 等。体感游戏突破了以前手柄、键盘、鼠标等输入的操作方式,通过人体动作来操控游戏,可以在玩游戏的同时锻炼身体,例如保龄球体感游戏。

二、智能家具

智能家具是指采用现代信息技术,将各种不同类型的信号进行实时采集,由控制器对所采集的信号按预定程序进行记录、逻辑判断、反馈等处理,并将处理信息及时上报至信息管理平台,可对使用者的需求做出自动反应的家具。

智能家具是传统家具与信息技术相结合的产物。智能家具的新颖之处在于运用高新技术进行功能改进,如通过置入机械传动、传感器、控制电路、单片机和嵌入式电子计算机等器件,使家具具备一定的智能。与传统家具相比,智能家具更加人性化,是家具行业的一个发展趋势。

爱尔兰的 Lancaster 大学与德国、瑞典及芬兰的大学合作开发的一系列智能家具,包括可以开启电视机、会说欢迎词的沙发,在负荷过重时能自动提示的智能书架,在药物过期时可发出警告提示的智能药品柜等,充分体现了高技术与艺术的完美结合。

顾家工艺所开发的智能沙发,把热感应技术运用到沙发中。当隐藏在沙发扶手中的感应开关接触到人体的体温触感后,便可利用电动功能在 10 秒钟内自动将沙发靠背调整至人体最舒适的位置。

第五节　智慧旅游

一、内涵与特征

旅游业是资源消耗低、带动系数大、就业机会多、综合效益好的绿色低碳产业。改革开放以来,我国旅游业快速发展,产业规模不断扩大,产业体系日趋完善。《国务院关于加快发展旅游业的意见》提出,要把旅游业培育成国民经济的战略性支柱产业和人民群众更加满意的现代服务业,推进旅游信息化是实现旅游业发展两大战略目标的重要支撑。

随着物联网、云计算、移动互联网等新一代信息技术的飞速发展,旅游信息化开始步入"智慧旅游"时代。智慧旅游是指通过应用新一代信息技术,整合旅游相关信息资源,促进旅游信息共享和游客服务部门的业务协同,提高旅游服务的效率和质量,促进旅游业的健康发展。简单地说,智慧旅游就是指旅游行业的智能化。

与传统旅游信息化相比,智慧旅游具有以下特点:以游客为中心、旅游信息服务自动化、旅游信息服务智能化。

(一)以游客为中心

在旅游过程中,游客需要关心的问题包括旅游线路、景点、交通、住宿、餐饮、购物、娱乐、天气等方面。其中交通问题又涉及航班、火车、轮船、客运汽车、出租车等交通工具相关信息。在传统旅游信息化中,信息不是以游客为中心来组织的,而是以部门为中心来组织。举例来说,旅游主管部门发布旅游景点信息,航空公司发布航班信息,气象部门发布天气预报信息,宾馆酒店发布住宿信息。这些部门按旅游涉及的相关领域建设一个个孤立的信息系统,这些信息系统之间没有实现互联互通和信息共享。当游客需要查找信息时,需要登录到一个个网站查找不同的信息,既费时又费力。在智慧旅游系统中,信息是以游客为中心进行组织的。通过采用位置服务(LBS)技术,游客走到哪里,相关的吃、住、行、玩等方面的信息都会立刻呈现在游客面前。

（二）旅游信息服务自动化

在传统旅游信息化中,游客获取旅游信息服务是被动的,往往需要自行查找分散在各部门的信息。在智慧旅游系统中,游客获取旅游信息服务是主动的。智慧旅游系统可以根据游客输入的身份特征、兴趣爱好、地理位置等自动编排有关信息。例如,根据游客的出发地和目的地,是年轻的情侣还是退休的老年人,喜欢自然风光还是名胜古迹等,自动编排不同类型、不同内容的信息,提供个性化的旅游信息服务。此外,游客可以在自动售票机上购买门票,也可以通过手机购票(手机二维码门票)。门票带有感应磁条或RFID电子标签,游客可以刷卡或扫描手机二维码进入景区大门。游客可以刷卡租用自行车,乘坐电瓶车,购买景区纪念品。通过便携式电子导游机,游客走到哪里,就会自动介绍所在位置的景点。

（三）旅游信息服务智能化

旅游信息系统的智能化程度是智慧旅游与传统旅游信息化之间最大的区别。一方面,绝大多数游客都是非专业游客。他们的旅游经验不丰富,对旅行过程及目的地情况缺乏了解;另一方面,不同游客在年龄、经济条件、爱好、行程天数等方面实际情况千差万别。因此,必须提高旅游信息服务的智能化水平。例如,建立提供场景式服务的旅游信息网站,游客输入出发日期、出发地、目的地、返回日期,根据不同情况为游客设计一条经过优化的旅游线路。然后让游客根据自身实际情况按条件检索,选择不同的出行路线、交通工具,选择不同价位、不同星级的宾馆,选择不同的景点并预订门票等,把旅游全程涉及的各个方面安排妥当。在游客做每一步选择时,智慧旅游系统可以根据推荐度(或好评度)、价位等对选项进行排序,供游客参考。

智慧旅游是旅游业信息化发展的高级阶段,是我国旅游业转型升级的重要途径。对于以旅游业为支柱产业的城市来说,智慧旅游是智慧城市建设的重点领域。

二、体系框架

旅游业涉及旅游主管部门、景区(景点)、旅行社等旅游企业及游客等。相应地,智慧旅游包括智慧政府、智慧景区、智慧企业、智慧游客四大部分。

（一）智慧政府

在智慧旅游中，智慧政府是指智慧的旅游主管部门，如旅游局、旅游委等。旅游主管部门通过智慧旅游项目建设，提高旅游市场监管和公共服务的智能化水平。例如，按照"大旅游"的理念，与交通、公安、工商、卫生等相关部门加强信息共享和业务协同，对旅行社进行全生命周期管理，为旅行社提供业务办理"一站式"服务。旅游主管部门领导可以根据需要查看本地区的游客数量、旅游业务收入、游客投诉等情况。

（二）智慧景区

智慧景区是指在景区管理和服务游客方面提高自动化、智能化水平。例如，利用物联网建立景区周界安防系统、电子导游自动触发系统、景区移动视频监控系统等，加强景区管理的精细化程度，提高游客的满意度。

（三）智慧企业

在智慧旅游中，智慧企业是指经营管理和服务游客智能化水平高的旅行社、酒店、车辆租赁等旅游服务企业。实践表明，通过实施企业资源规划（ERP）系统、客户关系管理（CRM）系统、商业智能（BI）系统等先进信息系统，可以显著提高大中型旅游企业的经营管理水平，提高对游客需求的响应能力。对于国旅、中青旅这样的大型旅行社，利用信息化、智能化手段可以把全集团的财务决算周期从一个月、几周缩短到几天甚至 24 小时内，实现日清日结。构建智慧企业，对于推动信息化与旅游业深度融合、促进旅游业转型升级具有重要的意义。

（四）智慧游客

智慧游客是指信息化装备精良的游客。随着微博、社交网络等 Web3.0 技术的发展，手持 iPhone 等智能终端的游客可以将随时拍到的照片、录制的视频等与家人、朋友分享，利用智能终端查阅旅游信息，订酒店、订机票、订门票，查询当前地理位置，进行汇率换算、语言翻译等。

三、新一代信息技术在智慧旅游中的应用

与智慧旅游密切相关的关键技术是物联网、云计算、移动互联网、大数

据等新一代信息技术。

（一）物联网技术

在智慧旅游中，物联网技术在旅游景区门禁、景区安防、自助导游、景区环境监控等方面有广阔的应用前景。例如，利用带 RFID 的门票，游客可以自行通过门口闸机进入景区，管理部门可以对进入景区的游客人数进行自动统计。对于限制客流量的景区，人数满员后可以自动锁定闸机。游客来到某景点，带 RFID 的门票可以触发景点解说器，为游客讲解。对于山地景区，在潜在滑坡体安装传感器网，可以监测山体形变，及时对滑坡灾害进行预警。

（二）云计算技术

在智慧旅游中，云计算技术可以用于区域旅游信息平台、大型商业旅游网站、大型旅行社数据中心等。对于区域旅游信息平台，利用云计算技术可以提高平台的性能，促进当地旅游信息资源的整合。对于大型商业旅游网站，云计算可以根据访问量调节计算资源，降低运营成本。对于中国国际旅行社等网点遍布全国的大型旅行社，建立基于云计算的数据中心，可以实现业务财务一体化，提高集团管控能力。对于中小旅行社，利用基于云计算的旅游信息服务平台，就无须购买软硬件，降低他们的信息化门槛。

（三）移动互联网技术

在智慧旅游中，移动互联网技术可以使游客随时随地获取旅游信息资源。例如，在出国旅游过程中，游客通过下载并安装相关 App，就可以在智能手机上查询旅游景点信息、交通出行信息、天气信息、国际时间，订酒店、订机票、订门票，进行汇率自动换算、语言自动翻译，确定当前地理位置和方位等，而无须随身带纸质地图、手表、指南针、计算器、电子词典等，省去很多麻烦，使旅游更加轻松自在。

（四）大数据技术

在智慧旅游中，随着旅游业的发展，游客数量越来越多，各类旅游信息服务平台提供的信息越来越丰富，旅游社采集的数据也快速增长，而且许多数据都是非结构化数据。为此，需要采用大数据技术，对各类旅游数据进行分析、挖掘,更好地为游客服务。

四、发展现状

在欧美发达国家,旅游信息化往往以游客为中心,游客走到哪里,都可以很方便地获取与旅游有关的信息。在欧美城市,Wi-Fi很普及,利用智能手机终端,就可以随时随地查阅与旅游有关的信息。LBS系统建得很好,相关的交通、语言、汇率等方面的信息服务也做得很好,游客进入完全陌生的旅游目的地也可以按图索骥找到景点,吃住行没有障碍。

国家旅游局开展了全国智慧旅游试点工作。北京、武汉、成都、南京、福州、大连、厦门、苏州、黄山、温州、烟台、洛阳、无锡、常州、南通、扬州、镇江、武夷山等18个城市被列入第一批国家智慧旅游试点城市,天津、广州、杭州、青岛、长春、郑州、太原、昆明、贵阳、宁波、秦皇岛、湘潭、牡丹江、铜仁等15个城市被列入第二批国家智慧旅游试点城市。

此外,一些城市在智慧城市规划、建设过程中,也把智慧旅游作为一个重要组成部分。中国电信、中国移动都推出了智慧旅游方面的产品和解决方案。

五、相关政策

国家旅游局出台了《关于促进智慧旅游发展的指导意见》,明确了指导思想、基本原则、发展目标、主要任务和保障措施。

(一)指导思想

深入贯彻实施《中华人民共和国旅游法》和《国务院关于促进旅游业改革发展的若干意见》,以满足旅游者现代信息需求为基础,以提高旅游便利化水平和产业运行效率为目标,以实现旅游服务、管理、营销、体验智能化为主要途径,加强顶层设计,完善技术标准,整合信息资源,建立健全市场化发展机制,鼓励引导模式业态创新,有序推进智慧旅游持续健康发展,不断提升我国旅游信息化发展水平。

(二)基本原则

坚持政府引导与市场主体相结合。政府着力加强规划指导和政策引导,推进智慧旅游公共服务体系建设;企业在政府规划、政策和行业标准引导下,以市场需求为导向,开发适应游客需求的产品和服务。防止政府大包大揽和不必要的行政干预。

坚持统筹协调与上下联动相结合。着眼于中国旅游业发展的整体和长远需要,着力加强信息互联互通,有效规避信息孤岛化、碎片化。在确保信息资源可共享的基础上,各地可结合实际需求,先行先试,创新智慧旅游服务管理手段。坚持问题导向与循序渐进相结合。要突出为民、便民、惠民的基本导向,防止重建设、轻实效,使游客充分享受智慧旅游发展的成果。要充分认识智慧旅游建设的系统性和复杂性,通过成熟的技术手段,从最迫切最紧要问题入手,做深做透,循序渐进。

(三)发展目标

建设一批智慧旅游景区、智慧旅游企业和智慧旅游城市,建成国家智慧旅游公共服务网络和平台。我国智慧旅游服务能力明显提升,智慧管理能力持续增强,大数据挖掘和智慧营销能力明显提高,移动电子商务、旅游大数据系统分析、人工智能技术等在旅游业应用更加广泛,培育若干实力雄厚的以智慧旅游为主营业务的企业,形成系统化的智慧旅游价值链网络。

(四)主要任务

1. 夯实智慧旅游发展信息化基础

加快旅游集散地、机场、车站、景区、宾馆饭店、乡村旅游扶贫村等重点旅游场所的无线上网环境建设,提升旅游城市公共信息服务能力。

2. 建立完善旅游信息基础数据平台

规范数据采集及交换方式,逐步实现统一规则采集旅游信息,统一标准存储旅游信息,统一技术规范交换旅游信息,实现旅游信息数据向各级旅游部门、旅游企业、电子商务平台开放,保证旅游信息数据的准确性、及时性和开放性。

3. 建立游客信息服务体系

充分发挥国家智慧旅游公共服务平台和 12301 旅游咨询服务热线的作用,建设统一受理、分级处理的旅游投诉平台。建立健全信息查询、旅游投诉和旅游救援等方面信息化服务体系。大力开发运用基于移动通信终端的旅游应用软件,提供无缝化、即时化、精确化、互动化的旅游信息服务。积极培育集合旅游相关服务产品的电子商务平台,切实提高服务效率和用户体验。积极鼓励多元化投资渠道参与投融资,参与旅游公共信息服务平台建设。

4. 建立智慧旅游管理体系

建立健全国家、省、市旅游应急指挥平台,提升旅游应急服务水平。完善在线行政审批系统、产业统计分析系统、旅游安全监管系统、旅游投诉管理系统,建立使用规范、协调顺畅、公开透明、运行高效的旅游行政管理机制。

5. 构建智慧旅游营销体系

依据旅游大数据挖掘,建立智慧旅游营销系统,拓展新的旅游营销方式,开展针对性强的旅游营销。逐步建立广播、电视、短信、多媒体等传统渠道和移动互联网、微博、微信等新媒体渠道相结合的全媒体信息传播机制。结合乡村旅游特点,大力发展智慧乡村游,鼓励有条件的地区建设乡村旅游公共营销平台。

6. 推动智慧旅游产业发展

建立智慧旅游示范项目数据库,鼓励旅游企业利用终端数据进行创业,支持智慧城市解决方案提供商以及云计算、物联网、移动互联网应用项目进入旅游业,鼓励有条件的地区建立智慧旅游产业园区。

7. 加强示范标准建设

支持国家智慧旅游试点城市、智慧景区和智慧企业建设,鼓励标准统一、网络互连、数据共享的发展模式。鼓励有条件的地方及企业先行编制相关标准并择优加以推广应用。逐步将智慧旅游景区、饭店等企业建设水平纳入各类评级评星的评定标准。

8. 加快创新融合发展

各地旅游部门要加强与通信运营商、电子商务机构、专业服务商、高校和科研机构开展合作,引导相关部门和企业通过技术输出、资金投入、服务外包、资源共享等方式参与智慧旅游建设。探索建立政产学研金相结合的智慧旅游产业化推进模式。

9. 建立景区门票预约制度

鼓励博物馆、科技馆、旅游景区运用智慧旅游手段,建立门票预约制度、景区拥挤程度预测机制和旅游舒适度评价机制,建立游客实时评价的旅游景区动态评价机制。

10. 推进数据开放共享

加快改变旅游信息数据逐级上报的传统模式,推动旅游部门和企业间的数据实时共享。各级旅游部门要开放有关旅游行业发展数据,建立开放平台,定期发布相关数据,并接受游客、企业和有关方面对于旅游服务质量的信息反馈。鼓励互联网企业、OTA 企业与政府部门之间采取数据互换的方式进行数据共享。鼓励旅游企业、航空公司、相关企业的数据实现实时共享,鼓励景区将视频监控数据与国家智慧旅游公共服务平台实现共享。

（五）保障措施

1. 加强组织领导

各级旅游部门要加强领导,积极稳步推进智慧旅游建设。国家旅游局智慧旅游工作领导小组负责智慧旅游建设的总体指导和监督实施,指导有关技术标准规范的制订。各地应结合实际建立智慧旅游建设推进小组,统筹协调本地区智慧旅游基础建设、标准制定、技术应用和推广。鼓励有条件的地方建立智慧旅游协同创新中心、产业孵化中心、公共服务运营中心、人才服务中心。

2. 加强规划指导

各地要根据实际需要加快制定本地区智慧旅游发展规划、年度计划和工作方案,统筹部署,循序渐进。智慧旅游发展规划要与智慧城市建设规划相结合,利用智慧城市建设发展提供的通信、交通、安全保障、信息交换等基础环境,提高相关工作的协同性。

3. 强化队伍建设

建立智慧旅游人才培养体系,鼓励民营资本投入智慧旅游职业教育领域,为我国智慧旅游发展提供人才保障。积极开展智慧旅游专业培训,鼓励开展多样化的智慧旅游交流活动。

4. 加大资金投入

各地旅游部门要加大对智慧旅游的投入力度,保障公益性智慧旅游服务项目建设,支持重点项目建设。积极拓宽融资渠道,鼓励各类投资主体多方面投入智慧旅游发展。

5. 加强综合评估

各地旅游部门应建立智慧旅游工作目标责任制,将智慧旅游建设工作纳入旅游部门年度考评目标。积极引入第三方评价机制,对智慧旅游项目和成果进行投入、产出、综合效益、推广价值等方面的综合评价,在综合评估基础上不断加以提升改进。

六、发展对策

结合旅游业特点,以及对智慧旅游的深入思考,建议从以下三个方面发展智慧旅游:

(一)在旅游行业推广新一代信息技术

鼓励景区管理部门在景区门禁、电子导游、景区环境和灾害监测预警等方面采用物联网技术。鼓励地方旅游信息中心建设基于云计算的区域旅游信息服务平台,为游客提供一站式、个性化的服务。鼓励电信运营商等搭建旅游云服务平台等公有云,降低中小旅游企业信息化门槛。鼓励大型旅行社开展私有云、大数据技术应用。鼓励软件企业开发在 iPhone、iPad 等移动智能终端上运行的旅游小软件(如 LBS、实时更新的航班时刻表),以应用程序商店(AppStore)的商业模式供游客下载使用。鼓励电信运营商开展 5G 移动旅游信息服务。

(二)以游客为中心整合旅游信息资源

建议各地旅游主管部门牵头建设旅游企业全生命周期管理和服务系统,整合工商、税务、交通、气象、公安、卫生等部门的相关信息资源。同时,支持市场化运作的机构建设基于 LBS 的游客全程信息服务系统,整合当地景点、交通、住宿、餐饮、购物、娱乐、天气、语言、汇率等与旅游相关的信息资源,为游客提供从出发到返程的全程信息服务。

（三）提升旅游服务的自动化和智能化水平

鼓励景区管理部门对旅游设施进行改造,提高旅游设施的自动化、智能化水平,为游客提供更人性化的服务。鼓励大型旅游信息服务运营商对现有旅游网站进行改版,根据游客身份特征、经济条件、兴趣爱好、地理位置等自动编排和推送有关信息,提供定制化的旅游信息服务。通过提供场景式服务,提高游客的满意度。

参 考 文 献

[1]余萍.人工智能导论实验[M].北京:中国铁道出版社,2020.

[2]李艳.人工智能[M].成都:四川科学技术出版社,2019.

[3]陈敏.人工智能通信理论与算法[M].武汉:华中科技大学出版社,2020.

[4]吴根清.什么是人工智能?[M].北京:新世界出版社,2019.

[5]徐洁磐.人工智能导论[M].北京:中国铁道出版社,2019.

[6]范瑞峰,顾小清.人工智能入门[M].北京:机械工业出版社,2019.

[7]林达华,顾建军.人工智能启蒙第 1 册[M].北京:商务印书馆,2019.

[8](美)拜伦·瑞希.人工智能哲学[M].王斐,译.上海:文汇出版社,2020.

[9]姚炜,刘培超,陶金.人工智能与机械臂[M].苏州:苏州大学出版社,2018.

[10]孙锋申,丁元刚,曾际.人工智能与计算机教学研究[M].长春:吉林人民出版社,2020.

[11]佘玉梅,段鹏.人工智能原理及应用[M].上海:上海交通大学出版社,2018.

[12]周晓垣.人工智能开启颠覆性智能时代[M].北京:台海出版社,2018.

[13]陈万米,汪镭,徐萍,司呈勇.人工智能源自、挑战、服务人类[M].上海:上海科学普及出版社,2018.

[14]唐子惠.医学人工智能导论[M].上海:上海科学技术出版社,2020.

[15]杨卫华,吴茂念.眼科人工智能[M].武汉:湖北科学技术出版社,2018.

[16]邓开发.人工智能与艺术设计[M].上海:华东理工大学出版社,2019.

[17]李清娟.人工智能与产业变革[M].上海:上海财经大学出版社,2020.

[18]彭诚信.人工智能与法律的对话[M].上海:上海人民出版社,2018.

[19]王国胤.中国人工智能发展报告[M].北京:机械工业出版社,2020.

[20]阎彬,雷鸿俊,焦李成,刘若辰,慕彩红.人工智能前沿技术丛书简明人工智能[M].西安:西安电子科技大学出版社,2019.

[21]顾晓英.人工智能课程直击[M].上海:上海大学出版社,2018.

[22]王作冰,叶光森.人工智能时代的教育革命[M].北京联合出版公司,2017.

[23]钟云.人工智能伏羲觉醒[M].沈阳:辽宁人民出版社,2017.

[24]鹿晓丹,蒋彪.从物联网到人工智能[M].杭州:浙江大学出版社,2020.

[25]刘玉喆,李杰.工业人工智能[M].上海:上海交通大学出版社,2019.

[26]王蓉.工业设计与人工智能[M].长春:吉林美术出版社,2019.

[27]刘树勇.科协专发人工智能[M].北京:科学普及出版社,2018.

[28]王永庆.人工智能原理与方法修订版[M].西安:西安交通大学出版社,2018.

[29]林达华,顾建军.人工智能启蒙第2册[M].北京:商务印书馆,2019.

[30]刘玮.人工智能与社会风险管理[M].长春:吉林大学出版社,2020.